Tobias Marius Weigl

Der schwache DAE-Strukturindex

Tobias Marius Weigl

Der schwache DAE-Strukturindex

Eine strukturbasierte Indexanalyse differential-
algebraischer Gleichungen

Südwestdeutscher Verlag für Hochschulschriften

Impressum/Imprint (nur für Deutschland/only for Germany)
Bibliografische Information der Deutschen Nationalbibliothek: Die Deutsche Nationalbibliothek verzeichnet diese Publikation in der Deutschen Nationalbibliografie; detaillierte bibliografische Daten sind im Internet über http://dnb.d-nb.de abrufbar.
Alle in diesem Buch genannten Marken und Produktnamen unterliegen warenzeichen-, marken- oder patentrechtlichem Schutz bzw. sind Warenzeichen oder eingetragene Warenzeichen der jeweiligen Inhaber. Die Wiedergabe von Marken, Produktnamen, Gebrauchsnamen, Handelsnamen, Warenbezeichnungen u.s.w. in diesem Werk berechtigt auch ohne besondere Kennzeichnung nicht zu der Annahme, dass solche Namen im Sinne der Warenzeichen- und Markenschutzgesetzgebung als frei zu betrachten wären und daher von jedermann benutzt werden dürften.

Verlag: Südwestdeutscher Verlag für Hochschulschriften GmbH & Co. KG
Heinrich-Böcking-Str. 6-8, 66121 Saarbrücken, Deutschland
Telefon +49 681 37 20 271-1, Telefax +49 681 37 20 271-0
Email: info@svh-verlag.de

Zugl.: München, TU, Diss., 2011

Herstellung in Deutschland:
Schaltungsdienst Lange o.H.G., Berlin
Books on Demand GmbH, Norderstedt
Reha GmbH, Saarbrücken
Amazon Distribution GmbH, Leipzig
ISBN: 978-3-8381-3038-5

Imprint (only for USA, GB)
Bibliographic information published by the Deutsche Nationalbibliothek: The Deutsche Nationalbibliothek lists this publication in the Deutsche Nationalbibliografie; detailed bibliographic data are available in the Internet at http://dnb.d-nb.de.
Any brand names and product names mentioned in this book are subject to trademark, brand or patent protection and are trademarks or registered trademarks of their respective holders. The use of brand names, product names, common names, trade names, product descriptions etc. even without a particular marking in this works is in no way to be construed to mean that such names may be regarded as unrestricted in respect of trademark and brand protection legislation and could thus be used by anyone.

Publisher: Südwestdeutscher Verlag für Hochschulschriften GmbH & Co. KG
Heinrich-Böcking-Str. 6-8, 66121 Saarbrücken, Germany
Phone +49 681 37 20 271-1, Fax +49 681 37 20 271-0
Email: info@svh-verlag.de

Printed in the U.S.A.
Printed in the U.K. by (see last page)
ISBN: 978-3-8381-3038-5

Copyright © 2012 by the author and Südwestdeutscher Verlag für Hochschulschriften GmbH & Co. KG and licensors
All rights reserved. Saarbrücken 2012

Inhaltsverzeichnis

1 Einleitung	**3**
2 Differential-algebraische Gleichungen	**7**
2.1 Grundlagen	7
2.2 Strukturelle Größen	11
2.2.1 Semi-explizite DAEs	12
2.2.2 DAE-Äquivalenzklassen	14
2.2.3 Der strukturelle Rang	16
2.3 Graphentheoretische Interpretation	17
3 Strukturanalyse in der Literatur	**25**
3.1 Der Strukturindex nach Duff und Gear	25
3.2 Pantelides' Algorithmus	26
3.3 Weitere Verfahren	28
3.3.1 Verfahren nach Mattson und Söderlind	28
3.3.2 Verfahren nach Unger et al.	28
3.4 Unzulänglichkeit des Strukturindex	29
4 Der schwache Strukturindex	**33**
4.1 Definition und fundamentale Eigenschaft	33
4.2 Existenzaussagen	37
4.3 Der Co-Index des schwachen Strukturindex	42
4.4 Konsistenz zum Differentiationsindex	44
4.4.1 Lineare semi-explizite DAEs und Matrixbüschel	44
4.4.2 Analyse der Indizes	45
5 Reduktion des schwachen Strukturindex	**51**
5.1 Modifikation des Verfahrens nach Gear	51
5.2 Strukturanalytische Einbettung	55
5.2.1 Erste Phase: Differenzieren	55
5.2.2 Zweite Phase: Berechnung aktiver Variabler	57
5.2.3 Dritte Phase: Elimination	61
5.2.4 Analyse der Reduktion	62

5.3	Visualisierung im Abhängigkeitsgraphen	69
	5.3.1 Strategieabhängige Reduktion	71
	5.3.2 Strategieunabhängige Variante	76
5.4	Behandlung allgemeiner DAEs	77
5.5	Beispiel: Lineare DAEs	79
	5.5.1 Matrixbüschel und Kronecker-Normalform	79
	5.5.2 Reduktion des Differentiationsindex	81
	5.5.3 Strukturelle Reduktion	83

6 Strukturdetektion 87

6.1	Integrierte Strukturanalyse	87
6.2	Berechnung von Strukturmatrizen	89
	6.2.1 Modulare Modellierung	89
	6.2.2 Ein rekursiver Algorithmus	89
6.3	Gewichtete Strukturmatrizen	95

7 Praktische Anwendungsgebiete 99

7.1	Lineare Kontrollsysteme	99
7.2	Optimalsteuerung	103
	7.2.1 Problemstellung	104
	7.2.2 Singuläre Steuerung	106
	7.2.3 Schwache singuläre Ordnung	107
	7.2.4 Aufstellen der Strukturmatrizen	109
	7.2.5 Steuerung eines 6DoF-Flugzeuges	114

8 Zusammenfassung 119

A Matlab-Programme 121

A.1	Berechnung des schwachen Strukturindex	121
A.2	Berechnung von gewichteten Strukturmatrizen	124

B 6DoF-Flugmodell 131

Literaturverzeichnis 137

KAPITEL 1

Einleitung

Das Studium dynamischer Systeme nimmt seit jeher einen wichtigen Platz in der mathematischen Forschung ein und hat sich im Laufe der Zeit in eine Vielzahl an Teildisziplinen aufgeteilt. Die zeitkontinuierliche Natur vieler physikalischer Prozesse in der uns umgebenden Welt führt dabei auf das grundlegende Konzept einer *gewöhnlichen Differentialgleichung* (ODE), die die zeitliche Änderung des Zustandes eines Systems als im Allgemeinen zeitabhängige Funktion eben dieses Zustandes sowie eventuell weiterer Einflussgrößen beschreibt. Die abstrahierende Beschreibung durch eine endliche Anzahl an Zustandsvariablen kann dabei mit einer gewissen Vereinfachung des betrachteten Systems einhergehen, ebenso steckt der Wunsch, die entstehenden Gleichungen mit den zur Verfügung stehenden mathematischen Mitteln behandeln zu können, einen oftmals einschränkenden Rahmen für deren Komplexität ab. Insgesamt stellt also die Übersetzung eines beobachtbaren Systems in ein mathematisches Modell allzu oft eine Gratwanderung zwischen Realitätsgrad und (numerischer) Lösbarkeit dar, die der *Modellierung* gerade von großen und komplizierten Systeme durchaus ein gewisses Feingefühl abverlangt. Kann das mathematische Modell jedoch bereits während dessen Entstehung auf die zu erwartende Komplexität hin untersucht werden, besteht unmittelbar die Möglichkeit, darauf Einfluss zu nehmen. Nur schwer oder gar nicht lösbare Probleme können somit zum Zeitpunkt ihrer Entstehung detektiert und zeitnah entsprechend modifiziert werden. Damit ist gerade das Anwendungsgebiet einer *a priori-Analyse* beschrieben, mit der - grob gesprochen - noch vor jedem tatsächlichen Lösungsversuch die entsprechenden Erfolgschancen abgeschätzt werden sollen.

Gerade in der praktischen Anwendung ist die zeitliche Änderung eines gegebenen Systemzustandes jedoch oftmals nur unter Einschränkungen an den Zustand selbst erlaubt. Beispielsweise muss ein mechanisches System, das aus dem Verbund einzelner Objekte aufgebaut ist, die vom System gegebene Geometrie respektieren und kann seine Dynamik nur unter zusätzlichen algebraischen Nebenbedingungen entfalten. Manche Zustände mögen darüber hinaus ausschließlich in algebraischer Form festgelegt sein, ihre zeitliche Änderung taucht im betrachteten System nicht auf. Derartige Zustände heißen algebraisch, im Gegensatz zu den differentiellen Variablen, deren zeitliche Ableitung in das mathematische Modell eingeht. Die Anwesenheit von algebraischen Variablen und Nebenbedingungen führt damit auf eine im Vergleich zu gewöhnlichen Differentialgleichungen erweiterte Problemklasse, die sogenannten *differential-algebraischen Gleichungen* oder DAEs.

Die Analyse derartiger Gleichungen wurde ob ihrer praktischen Relevanz in den vergangenen Jahrzehnten sehr intensiv betrieben und es stellte sich heraus, dass im Vergleich zu gewöhnlichen Differentialgleichungen große konzeptionelle Unterschiede bestehen, sowohl in analytischer als auch in numerischer Hinsicht. Beispielsweise wirft ein Anfangswertproblem, dessen Dynamik durch eine DAE beschrieben wird, noch vor jeder Zeitintegration die Frage nach der Konsistenz der Anfangswerte auf, da auch zu Beginn des betrachteten Zeitintervalls sämtliche algebraischen Nebenbedingungen erfüllt sein müssen. Beim tatsächlichen Integrieren der Gleichungen durch Diskretisierung können darüber hinaus Instabilitäten beobachtet werden, die die Qualität einer numerischen Lösung empfindlich mindern können.

Durch wiederholtes totales Differenzieren der algebraischen Nebenbedingungen nach der Zeit können die darin (implizit) enthaltenen algebraischen Variablen sukzessive in differentielle Variablen transformiert werden, so dass die DAE formal in eine ODE überführt werden kann. Die minimale Anzahl der hierzu nötigen Differentiationen quantifiziert mithin, wie sehr die ursprünglich gegebene DAE von einer ODE abweicht, und wird als *Differentiationsindex* der DAE bezeichnet. Während eine ODE den Differentiationsindex 0 aufweist, nimmt die Komplexität einer DAE mit steigendem Index zu, so dass letztlich nur ein vergleichsweise geringer Bereich an Indizes zu numerisch lösbaren Problemen korrespondiert. Die tatsächliche Bestimmung des Index einer DAE stellt jedoch gerade bei großen Systemen, deren Gleichungen komplizierte funktionale Zusammenhänge abbilden, selbst wiederum ein Problem dar, da hierzu eine *optimale Strategie* aus wiederholtem Ableiten und Auflösen der algebraischen Nebenbedingungen gefunden werden muss, mit der nach einer minimalen Anzahl an Differentiationen alle algebraischen Variablen bestimmt werden können.

Die vorliegende Arbeit stellt mit dem *schwachen Strukturindex* ein neues Indexkonzept vor, mit dem alleine aus der Abhängigkeitsstruktur der Gleichungen einer DAE eine untere Schranke für den zugehörigen Differentiationsindex bestimmt werden kann. Aus praktischer Sicht ist es damit möglich, einen bereits aus rein strukturellen Gründen für numerische Lösbarkeit zu großen Differentiationsindex zu detektieren und im Sinne einer *integrierten Strukturanalyse* den Hinweis zu geben, dass die Modellierung vor der sinnvollen Anwendung eines numerischen Integrationsverfahrens modifiziert werden sollte. Während damit ein hinreichend geringer Wert des schwachen Strukturindex ein notwendiges Kriterium für die numerische Lösbarkeit einer DAE bildet, kann umgekehrt auf die Nicht-Existenz des Differentiationsindex geschlossen werden, sobald sich für den schwachen Strukturindex kein endlicher Wert ergibt.

Der rein strukturelle Ansatz ist dabei im Wesentlichen durch die *modulare Modellierung großer Systeme* motiviert. Gerade für komplizierte technische Systeme ist es zweckmäßig, diese nicht als ein großes Ganzes zu formulieren und dabei unüberschaubar lange Gleichungen zu erzeugen, sondern stattdessen das gesamte Modell aus separat modellierten Teilsystemen von jeweils geringerer Komplexität durch entsprechende Verknüpfungen modular aufzubauen. Dadurch können z.B. physikalisch unterschiedliche Effekte unabhängig voneinander mathematisch beschrieben werden und erst in einem weiteren Schritt zu einem einzigen Modell, das sodann beide Effekte korrekt vereint, zusammengeführt werden. Das in dieser Arbeit vorgestellte Indexkonzept knüpft im Rahmen einer integrierten Strukturanalyse nahtlos an diese modulare Modellbildung an und liefert eine algorithmisch durchführbare Indexanalyse des gesamten Modells.

Um den soeben ausgeführten Ansprüchen einer strukturbasierten Indexanalyse gerecht werden zu können, sind demnach prinzipiell zwei verschiedene Probleme zu lösen: Zum einen muss aus einem modular aufgebauten Modell, von dem lediglich die Verknüpfungsstruktur der einzelnen Bausteine bekannt ist, die Abhängigkeitsstruktur des gesamten resultierenden Systems bestimmt werden. Zum anderen ist die Bestimmung des schwachen Strukturindex als untere Schranke für den Differentiationsindex bei alleiniger Kenntnis dieser Abhängigkeitsstruktur durchzuführen.

Die Arbeit beginnt mit der Behandlung des zweiten Problems und stellt dazu in *Kapitel 2* die nötigen theoretischen Grundlagen zu DAEs bereit. Aufbauend auf der *Strukturmatrix* als wichtigstes Hilfsmittel zur strukturellen Beschreibung eines Systems wird darüber hinaus der formale Rahmen für die Strukturanalyse gegeben und erläutert, dass mit einem Strukturansatz stets von konkreten Zahlenwerten abstrahiert und somit immer ganze Äquivalenzklassen von DAEs mit gleicher Besetzungsstruktur behandelt werden. Die Interpretation und Darstellung einer DAE als *bipartiter Graph* schafft die Basis für die Berechnung des schwachen Strukturindex im allgemeinen Fall und rundet dieses einleitende Kapitel ab.

Bevor mit der Entwicklung neuer Methoden begonnen wird, bietet *Kapitel 3* einen Überblick über bereits bekannte Verfahren zur strukturellen Analyse von DAEs, allen voran wird auf das Konzept des *Strukturindex* eingegangen, das von einer ähnlichen Fragestellung wie der neu vorgestellte schwache Strukturindex motiviert ist. Dieser aus den 1980er Jahren stammende Index kann z.B. mit dem *Algorithmus von Pantelides* berechnet werden und soll den Differentiationsindex ebenfalls nach unten abschätzen, erfüllt diesen Anspruch jedoch im Allgemeinen nicht, wie ein im Jahr 2000 publiziertes *Gegenbeispiel* zeigt. Diese Lücke soll mit dem schwachen Strukturindex geschlossen werden, der in den anschließenden beiden Kapiteln, die gleichsam den Kern dieser Arbeit bilden, konstruiert wird.

Zur Einführung der neuen Konzepte beschränkt sich *Kapitel 4* auf den Spezialfall semi-expliziter DAEs mit lediglich einer einzigen skalaren Nebenbedingung. Beide Einschränkungen werden schließlich in *Kapitel 5* fallengelassen, so dass *allgemeine DAEs* mit mehreren Nebenbedingungen durch eine speziell angepasste und auf strukturelle Größen hin ausgerichtete Form einer *Indexreduktion* analysiert werden können. Neben der reinen Berechnung des schwachen Strukturindex werden zudem a priori-Aussagen zu dessen Wert und Existenz hergeleitet und seine charakteristische Eigenschaft als *untere Schranke des Differentiationsindex* gezeigt. Vermöge dieser Eigenschaft steht damit insbesondere auch ein notwendiges Existenzkriterium für den Differentiationsindex zur Verfügung. Die Interpretation einer DAE als Graph lässt neben der Bestimmung des schwachen Strukturindex auch eine anschauliche *Visualisierung* der iterativen Indexreduktion zu, in denen sukzessive alle algebraischen Variablen und Nebenbedingungen abgearbeitet werden und sich der zugehörige Graph somit im Laufe der Iteration dynamisch verändert. Beide Kapitel schließen mit einem Vergleich des neuen Indexkonzeptes mit dem Differentiationsindex.

Der tatsächlichen *Detektion der Struktur* eines modularen Systems, d.h. der Berechnung der zugehörigen Strukturmatrizen, widmet sich *Kapitel 6*. Es wird ein Algorithmus vorgestellt, mit dem für hierarchische, aus einzelnen Funktionsbausteinen modular aufgebaute Netzwerke die Abhängigkeitsstruktur des korrespondierenden Modells bestimmt werden kann, sofern nur die paarweise Information über die Verknüpfung der einzelnen Bausteine sowie deren Lage im Netzwerk bekannt ist. Damit ist es möglich, die typischerweise getrennt vollzogenen Prozesse der Modellierung und der Indexanalyse in einer *integrierten Strukturanalyse* zu verschmelzen, bei der durch den Hinweis auf eine ungünstige Modellstruktur die Modifikation des Modells angemahnt werden kann. Für eine feinere Strukturanalyse wird zudem das Konzept der binären Strukturmatrix, die lediglich die Existenz einer Abhängigkeit beinhaltet, um eine Information über die Art der funktionalen Abhängigkeit in Form *gewichteter Strukturmatrizen* erweitert.

Bevor die Arbeit mit einer Zusammenfassung der Ergebnisse in *Kapitel 8* endet, werden in *Kapitel 7* zwei weitere mögliche Anwendungsgebiete des entwickelten Strukturformalismus aufgezeigt, die nicht unmittelbar einer „klassischen" DAE-Analyse zuzurechnen sind. Zunächst wird ein Zusammenhang zwischen der *vollständigen Ausgangssteuerbarkeit* linearer Kontrollsysteme und dem Differentiationsindex einer linearen DAE begründet, womit derartige Kontrollsysteme unmittelbar den Methoden dieser Arbeit zugänglich sind. Anschließend widmen wir uns DAEs, wie sie aus der Variationsformulierung von Problemen der *Optimalsteuerung gewöhnlicher Differentialgleichungen* stammen. Vermöge gewichteter Strukturmatrizen ist es möglich, aus rein strukturellen Informationen eine Aussage abzuleiten, ob im betrachteten Optimalsteuerproblem mit dem Phänomen *singulärer Steuerung* gerechnet werden muss, das durch eine starke Zunahme des zugehörigen Differentiationsindex gekennzeichnet und daher unerwünscht ist. Abschließend werden die entwickelten Methoden einer integrierten Strukturanalyse am Beispiel der Optimalsteuerung eines mit voller Starrkörperdynamik modellierten Flugzeuges vorgeführt, bei dem die Berücksichtigung zusätzlicher physikalisch begründeter Widerstände eine regularisierende Wirkung auf die Berechnung der optimalen Steuerungen besitzt.

KAPITEL 2

Differential-algebraische Gleichungen

Unter einer differential-algebraischen Gleichung (engl. **d**ifferential-**a**lgebraic **e**quation, DAE) verstehen wir einen funktionalen Zusammenhang zwischen einem Zustand $\mathbf{z} : \mathcal{I} \subseteq \mathbb{R} \to \mathbb{R}^n, t \mapsto \mathbf{z}(t)$, und seiner zeitlichen Ableitung $\dot{\mathbf{z}}(t) = \frac{d}{dt}\mathbf{z}(t)$, der in allgemeinster Form als Gleichungssystem

$$F(\dot{\mathbf{z}}(t), \mathbf{z}(t), t) = \mathbf{0}, \qquad F : \mathbb{R}^{2n+1} \to \mathbb{R}^n, \tag{2.1}$$

geschrieben werden kann. Zur Vereinfachung der Notation unterdrücken wir im Folgenden die explizite Zeitabhängigkeit des Zustandes und schreiben kurz $\mathbf{z}$ statt $\mathbf{z}(t)$. Des Weiteren sei die Funktion F als hinreichend glatt vorausgesetzt.

Als allgemeine Darstellung dynamischer Systeme tauchen DAEs in den verschiedensten wissenschaftlichen Disziplinen auf und spielen bei der Modellierung zeitabhängiger Prozesse eine entscheidende Rolle. Aus diesem Grund steht diese Problemklasse unverändert seit mehreren Jahrzehnten im Fokus der mathematischen Forschung, wobei sowohl theoretische Aspekte wie Existenz und Eindeutigkeit von Lösungen als auch praktische Aspekte wie die Konstruktion effizienter numerischer Lösungsverfahren untersucht werden. Die Menge an entsprechender Literatur ist dadurch im Laufe der Zeit sehr groß geworden und es ist eine durchaus herausfordernde Aufgabe, in diesem „*weitläufigen Ozean der DAE-Forschung*" (nach [Rhe10]) den Überblick zu behalten. Einen guten Zugang zur Thematik bieten die Standardwerke [Bre89, Hai96, Rab02, Kun06], um nur einige zu nennen. Im Rahmen des Indexkonzeptes von DAEs sind besonders die wissenschaftlichen Artikel [Rhe84, Gea85, Duf86, Gea88, Pan88, Gea90, Asc94, Cam95, Ung95] hervorzuheben, in deren gedanklichem Fundus insbesondere auch die vorliegende Arbeit wurzelt.

2.1 Grundlagen

Gesucht ist ein (hinreichend glatter) Zustand $\mathbf{z} \in \mathbb{R}^n$, der Gleichung (2.1) über dem betrachteten Zeitintervall genügt[1] und mithin als Lösung der DAE bezeichnet wird. Im Mittelpunkt unseres Interesses steht dabei der von F vermittelte funktionale Zusammenhang per se, so dass wir die Einschränkung auf endliche Zeitintervalle und die damit verbundenen technischen Schwierigkeiten wie etwa abschnittsweise definierte Lösungen oder gar Bifurkation [Sey94, Rhe04] unterdrücken. Daher spezialisieren

---

1 In dieser Problemstellung ist also insbesondere die Konsistenz der Anfangswerte mit Gleichung (2.1) enthalten.

wir unsere Betrachtungen auf *autonome* Systeme der Form

$$F(\dot{\mathbf{z}}, \mathbf{z}) = \mathbf{0}, \qquad F : \mathbb{R}^{2n} \to \mathbb{R}^n, \tag{2.2}$$

die keine explizite Zeitabhängigkeit aufweisen.
In ihrer allgemeinen Form mit beliebiger Funktion F lässt die DAE (2.2) nur wenige theoretische Aussagen über ihre Lösbarkeit und Eigenschaften von Lösungen zu, entsprechend ist auch die Konstruktion allgemeiner numerischer Verfahren nicht möglich. Vielmehr werden konkrete Systeme einer speziellen Struktur untersucht und numerische Integrationsverfahren darauf maßgeschneidert, womit sehr effiziente Löser für eine Vielzahl an Anwendungsproblemen gefunden werden konnten [Bre89, Hai96]. Im Rahmen dieser Arbeit sind dabei besonders *semi-explizite* DAEs

$$\begin{aligned}\dot{\mathbf{x}} &= f(\mathbf{x},\mathbf{y}), & f : \mathbb{R}^n \to \mathbb{R}^{n_x}, \\ \mathbf{0} &= g(\mathbf{x},\mathbf{y}), & g : \mathbb{R}^n \to \mathbb{R}^{n_y},\end{aligned} \tag{2.3}$$

mit $\mathbf{x} \in \mathbb{R}^{n_x}$, $\mathbf{y} \in \mathbb{R}^{n_y}$ und $n = n_x + n_y$ von Interesse, deren Zustandsvektor in differentielle Komponenten $\mathbf{x}$ sowie rein algebraische Komponenten $\mathbf{y}$ partitioniert ist. Das definierende Merkmal algebraischer Komponenten ist dabei gerade die Abwesenheit ihrer zeitlichen Ableitungen, wohingegen die Ableitungen der differentiellen Variablen sogar in expliziter Form im System auftauchen.
Durch die Transformation [Gea88]

$$F(\dot{\mathbf{z}}, \mathbf{z}) = \mathbf{0} \quad \Leftrightarrow \quad \begin{aligned}\dot{\mathbf{x}} &= \mathbf{y}, \\ \mathbf{0} &= F(\mathbf{y},\mathbf{x}),\end{aligned} \qquad \mathbf{x}, \mathbf{y} \in \mathbb{R}^n, \tag{2.4}$$

kann jede allgemeine DAE in eine formal äquivalente semi-explizite Form gebracht werden, so dass die Einschränkung auf derartige Systeme de facto keine Beschränkung der Allgemeinheit darstellt.

Während eine *gewöhnliche Differentialgleichung* (engl. **o**rdinary **d**ifferential **e**quation, ODE)

$$\dot{\mathbf{x}} = f(\mathbf{x}), \qquad f : \mathbb{R}^n \to \mathbb{R}^n,$$

die stets als eine sehr spezielle DAE angesehen werden kann, im Allgemeinen als theoretisch wohlverstanden und numerisch mit einer Vielzahl an Integratoren [Hai93, Hai96, Deu02] lösbar gelten kann, sind die entsprechenden Ergebnisse und Verfahren lediglich für den Fall

$$\det\left(\frac{\partial}{\partial \dot{\mathbf{z}}} F(\dot{\mathbf{z}}, \mathbf{z})\right) \neq 0 \tag{2.5}$$

unmittelbar auf eine DAE übertragbar. Dann nämlich kann die DAE (2.2) mit dem *Satz über implizite Funktionen* formal in eine ODE überführt und als solche behandelt werden. Auch wenn - oder gerade weil - Bedingung (2.5) im Allgemeinen nicht erfüllt ist, so bleibt dennoch die Form der ODE Bezugspunkt für eine Klassifizierung allgemeiner DAEs, indem man ein Maß für den Unterschied zwischen DAE und ODE in Gestalt eines *Index* einführt. Je nach Charakteristikum, dessen unterschiedliche Ausprägung bei DAE und ODE gemessen wird, ergeben sich verschiedene Indizes mit unterschiedlichem Informationsgehalt, weswegen sich in der Literatur eine Vielzahl an Indizes finden lässt. Zu nennen sind beispielsweise der *Differentiationsindex* [Gea83], der *Störungsindex* [Hai89], der *„index*

2.1 Grundlagen

of numerical effort" [Chu91] oder auch der *„strangeness index"* [Kun94], wobei z.b. [Ung95, Cam95] einen kompakten Überblick über die genannten und weitere Konzepte bieten. In dieser Arbeit soll nun der Differentiationsindex, im Folgenden auch kurz mit Index bezeichnet, als Maß für die Komplexität einer DAE zu Grunde gelegt werden.

Definition 2.1.1 (Differentiationsindex einer DAE)
Die minimale Zahl an totalen Zeitableitungen, die für das System (2.1) oder Teile davon gebildet werden müssen, um $\dot{z}$ aus den resultierenden Gleichungen in Abhängigkeit von z und t zu bestimmen, heißt Differentiationsindex ν der DAE.

Nach den bisherigen Ausführungen ist somit klar, dass ODEs den Differentiationsindex $\nu = 0$ besitzen und echte DAEs $\nu \geq 1$ aufweisen, wobei der Differentiationsindex im Allgemeinen vom aktuellen Zustand abhängt, d.h. $\nu = \nu(\mathbf{z},t)$. Durch wiederholtes Ableiten nach der Zeit erreicht man zum einen, dass auch rein algebraische Variablen in differentieller Form im System auftauchen, und zum anderen, dass sich der Differentiationsindex mit zunehmender Anzahl an Differentiationen verringert. Aus diesem Grund bezeichnet man die iterative Methodik aus wiederholtem Ableiten und algebraischer Manipulation der entstehenden Gleichungen mit dem Ziel, aus der DAE (2.1) eine ODE

$$\dot{\mathbf{z}} = \hat{F}(\mathbf{z}, t) \tag{2.6}$$

herauszuschälen, als *Indexreduktion*, die entstehende ODE (2.6) als zugrunde liegende ODE (engl. **u**nderlying **o**rdinary **d**ifferential **e**quation, UODE) [Gea88, Bre89, Gea90, Arn04b].
A priori ist dabei jedoch nicht klar, unter welchen Bedingungen eine DAE mittels der beschriebenen Methodik in eine ODE überführt werden kann und sich somit ein endlicher Differentiationsindex ergibt. Die Komplexität des Zusammenspiels aus Lösbarkeit einer allgemeinen DAE und Existenz eines endlichen Differentiationsindex kann an Beispielen nachvollzogen werden, bei denen mit den bekannten Methoden[2] kein endlicher Differentiationsindex nachgewiesen, aber dennoch eine Lösung angegeben werden kann [Ung95].
Selbst wenn es möglich ist, nach endlich vielen Differentiationen eine UODE zu erhalten, darf die ursprüngliche DAE im Allgemeinen noch nicht als gelöst gelten. Zunächst bleibt die Frage nach *konsistenten Anfangswerten* der UODE, die neben (2.1) auch den im Verlauf der Indexreduktion durch Differentiation erhaltenen zusätzlichen Gleichungen genügen müssen und deren Bestimmung somit ein nicht-triviales Problem darstellt [Pan88]. Ohne eine korrekte Vorgabe von Anfangswerten ist die Lösungsmenge von (2.1) jedoch eine echte Teilmenge der Lösungen von (2.6) [Mat93] und man hat mit dem Phänomen der Existenz von *Geisterlösungen* zu kämpfen.
Neben diese rein analytischen Probleme treten weitere Schwierigkeiten bei der numerischen Integration der UODE. Während DAEs im Allgemeinen ein dynamisches System auf einer Schnittmenge von *Mannigfaltigkeiten* darstellen und somit einen starken Bezug zur Differentialgeometrie zulassen [Rhe84], wird die Restriktion auf eben diese Mannigfaltigkeiten von numerischen Approximationsverfahren auf Grund von unvermeidbaren Diskretisierungsfehlern typischerweise nicht respektiert. Letztlich kann es

---
[2] Es handelt sich um das Konzept des *regulären Matrixbüschels*, auf das in Abschnitt 4.4 eingegangen wird.

zum Herunterlaufen der Lösungstrajektorie von den zulässigen Mannigfaltigkeiten (engl. drift off) kommen, dem man z.b. mit einer von Zeit zu Zeit durchgeführten Rückprojektion oder feineren *Stabilisierungstechniken* begegnen kann [Bau72, Gea85, Fü91, Sim93, Yen93, Asc94, ES98, Arn04b, Arn04a]. Die Auswirkung von Diskretisierungs- und Rundungsfehlern eines jeden numerischen Verfahrens können mittels einer *Sensitivitätsanalyse* der DAE untersucht werden und spiegeln sich insbesondere im schon genannten Störungsindex wider, der die entscheidende Information über die zeitliche Propagation von Störungen durch das System selbst enthält und somit nahe am Konzept der *Wohlgestelltheit nach Hadamard*[3] angesiedelt ist.

Um auch dem Differentiationsindex Aussagekraft zur Sensitivität des Problems beimessen zu können, war man bestrebt, ihn zum Störungsindex in Relation zu setzen. Jedoch wurde die Gültigkeit der in [Gea90] ohne weitere Voraussetzungen angegebenen Abschätzung $\nu \leq$ Störungsindex $\leq \nu + 1$ in dieser Allgemeinheit von späteren Arbeiten [Cam95, Deu02] widerlegt und nur für die feineren Indexkonzepte *gleichmäßiger Differentiationsindex* sowie *maximaler Störungsindex* bestätigt. Dennoch stellt der Differentiationsindex einen Indikator für die Wohlgestelltheit nach Hadamard dar und es wurde gezeigt, dass eine DAE bereits ab einem Differentiationsindex $\nu \geq 2$ schlecht gestellt ist [Han88, Han90, Eic91, Ren96, Sch00]. Während für Systeme mit Differentiationsindex 3 noch brauchbare numerische Integrationsverfahren angegeben werden können, sofern eine spezielle Struktur vorliegt [Bre89], entziehen sich Systeme ab einem solchen Index im Allgemeinen einer stabilen numerischen Behandlung. So leiden zum Beispiel lineare Mehrschrittverfahren bei Anwendung auf ein Index-3-Problem unter dem Phänomen der *Ordnungsreduktion* und integrieren die DAE in der Startphase lediglich mit verminderter Ordnung [ES98], wodurch die Konstruktion von Fehlerschätzern und daher auch eine effiziente Schrittweitensteuerung sehr erschwert wird.

Soll zur Lösung einer DAE mit höherem Index die zuvor erwähnte Methodik der Indexreduktion angewendet werden, so ist dazu die Auswertung auch höherer Ableitungen mit hoher Genauigkeit nötig, was insbesondere bei großen Systemen, wie sie in der praktischen Anwendung häufig auftauchen, einen deutlichen Zuwachs des Rechenaufwands bedeutet, vgl. [Cal08]. Während numerisches Differenzieren eine sehr teure und dennoch ungenaue [Obe87] Strategie zur Lösung dieses Problems darstellt, bietet sich z.B. automatisches Differenzieren als Alternative an, vgl. [Gri08], wodurch jedoch die Struktur des Systems typischerweise nicht zur Effizienzsteigerung genutzt wird. Computeralgebraprogramme können zwar, sofern die DAE explizit bekannt ist, zur analytischen Differentiation der Gleichungen benutzt werden, produzieren aber gerade bei komplizierten Systemen tendenziell unübersichtlichen und schwer wartbaren Code. *Hierarchisches* [Cal05, Cal08] oder *semi-algorithmisches* [Wei10] Differenzieren stellen Ansätze dar, sowohl Genauigkeit als auch Übersichtlichkeit bei der Berechnung von Ableitungen zu vereinen, bedürfen dazu jedoch einer sehr genauen Kenntnis des vorliegenden Problems.

Aus all diesen Gründen ist es für allgemeine DAEs der Form (2.1) bzw. (2.2) von fundamentaler Bedeutung, eine gute Abschätzung des Differentiationsindex nach unten zu haben. So kann noch vor

---

[3] Nach diesem Prinzip des französischen Mathematikers Jacques Hadamard (1865 - 1963) ist ein Problem mathematisch nur dann wohlgestellt im Sinne von sinnvoll formuliert, wenn eine eindeutige Lösung existiert und diese stetig von den Eingangsdaten des Problems abhängt.

jedem (numerischen) Lösungsversuch festgestellt werden, ob eine Integration der DAE überhaupt sinnvoll sein kann oder besser die Modellierung des Systems überdacht werden sollte. Der Versuch, derartige Abschätzungen alleine aus der Besetzungsstruktur der Jacobimatrix von F ableiten zu können, ohne die Gleichungen der DAE tatsächlich zu differenzieren, führte auf das Konzept des *Strukturindex* [Duf86] als untere Schranke für den Differentiationsindex, das z.B. in [Ung95] genauer untersucht und verallgemeinert, schließlich jedoch durch ein Gegenbeispiel [Rei00] in seiner Güte angezweifelt wurde, siehe Kapitel 3. Motiviert von der gleichen Fragestellung wird in dieser Arbeit ab Kapitel 4 eine Strukturanalyse basierend auf dem neu eingeführten Konzept des *schwachen Strukturindex* entwickelt.

2.2 Strukturelle Größen

Ziel unserer Strukturanalyse ist es, alleine aus der Besetzungsstruktur einer DAE auf den Wert bzw. die Existenz des Differentiationsindex zu schließen. Dazu benötigen wir einen Formalismus, der auf strukturelle Zusammenhänge abzielt und eben nicht konkrete numerische Werte berücksichtigt. Wichtigstes Hilfsmittel bei all unseren Überlegungen ist die *Strukturmatrix* (engl. **pat**tern matrix, pat) einer Funktion [Ung95, Rhe98]. Im Folgenden sei die Menge $\mathcal{D}$ stets offen.

Definition 2.2.1 (Strukturmatrix)

Für eine Abbildung $\phi : \mathcal{D} \subseteq \mathbb{R}^n \to \mathbb{R}^m$ ist die Strukturmatrix pat $\phi \in \{0,1\}^{n \times m}$ *gegeben durch*

$$\begin{aligned}(\operatorname{pat}\phi)_{i,j} = 0 &\quad :\Leftrightarrow \quad \phi_j \text{ hängt nicht von } x_i \text{ ab} \\ (\operatorname{pat}\phi)_{i,j} = 1 &\quad :\Leftrightarrow \quad \phi_j \text{ hängt von } x_i \text{ ab}\end{aligned} \qquad (2.7)$$

für $i = 1,...,n$ und $j = 1,...,m$.

Da wir stets eine hinreichende Glattheit aller betrachteter Funktionen voraussetzen, kann diese Definition weiter zu

$$\begin{aligned}(\operatorname{pat}\phi)_{i,j} = 0 &\quad \Leftrightarrow \quad \frac{\partial}{\partial x_i}\phi_j \equiv 0 \\ (\operatorname{pat}\phi)_{i,j} = 1 &\quad \Leftrightarrow \quad \frac{\partial}{\partial x_i}\phi_j \not\equiv 0\end{aligned} \qquad (2.8)$$

präzisiert werden[4].

Jede Komponente des Bildes von ϕ entspricht also einer Spalte der Strukturmatrix, während die zugehörigen Argumente durch die Zeilen der Strukturmatrix gegeben sind. In diesem strukturellen Ansatz werden gerade formale Abhängigkeiten berücksichtigt und damit punktweises Verschwinden von Abhängigkeiten bzw. Ableitungen nicht abgebildet. Ein positiver Eintrag in der Strukturmatrix bedeutet, dass die zugehörige Abhängigkeit formal besteht, jedoch an gewissen Punkten verschwinden kann, wohingegen der Eintrag 0 impliziert, dass die zugehörige Abhängigkeit *niemals* auftritt. Insgesamt werden durch den strukturellen Ansatz alle überhaupt möglichen Abhängigkeiten abgebildet.

---

[4] Diese Definition der Strukturmatrix ist insbesondere auch für *zeitabhängige* Funktionen anwendbar, worauf wir im Folgenden jedoch nicht weiter eingehen werden.

Zur Veranschaulichung soll das folgende Beispiel dienen.

Beispiel 2.2.2
Für die Funktion $\phi : \mathbb{R}^3 \to \mathbb{R}^2$ mit

$$\phi(\mathbf{x}) = \begin{pmatrix} \phi_1(x_1, x_3) \\ \phi_2(x_2) \end{pmatrix} = \begin{pmatrix} \sin(x_1)\cos(x_3) \\ \sin(x_2) \end{pmatrix}$$

erhalten wir

$$\operatorname{pat}\phi = \begin{pmatrix} 1 & 0 \\ 0 & 1 \\ 1 & 0 \end{pmatrix}.$$

Man sieht, dass z.B. die formale Abhängigkeit der ersten Bildkomponente von x_3 für $x_1 = k\pi$, $k \in \mathbb{Z}$, punktweise verschwindet und durch den strukturellen Ansatz nicht abgebildet wird.

Verschwinden Abhängigkeiten an gewissen Punkten, obwohl sie formal bestehen, sprechen wir von *Schattenabhängigkeiten*.

Wir werden unsere Strukturanalyse zunächst für semi-explizite DAEs entwickeln und anschließend in Abschnitt 5.4 durch Transformation (2.4) auf allgemeine DAEs erweitern.

2.2.1 Semi-explizite DAEs

Wir rufen uns die Form einer autonomen semi-expliziten DAE (2.3) in Erinnerung, wie sie bereits in Abschnitt 2.1 eingeführt wurde. Demnach betrachten wir das System

$$\dot{\mathbf{x}} = f(\mathbf{x}, \mathbf{y}), \quad f : \mathbb{R}^n \to \mathbb{R}^{n_x},$$
$$\mathbf{0} = g(\mathbf{x}, \mathbf{y}), \quad g : \mathbb{R}^n \to \mathbb{R}^{n_y},$$

mit $\mathbf{x} \in \mathbb{R}^{n_x}$, $\mathbf{y} \in \mathbb{R}^{n_y}$ und $n = n_x + n_y$. Die Partition des Zustandsvektors $\mathbf{z} = (\mathbf{x}, \mathbf{y})^T \in \mathbb{R}^n$ in *differentielle* Variablen $\mathbf{x} = (x_1, ..., x_{n_x})$ und *algebraische* Variablen $\mathbf{y} = (y_1, ..., y_{n_y})$ bedingt nun die Definition einer *erweiterten Strukturmatrix* (engl. e**x**tended **pat**tern matrix, patx).

Definition 2.2.3 (Erweiterte Strukturmatrix)
Für eine Abbildung $\phi : \mathcal{D} \subseteq \mathbb{R}^n \to \mathbb{R}^m$ mit $m \leq n$ ist die erweiterte Strukturmatrix $\operatorname{patx}\phi \in \{0,1\}^{n \times n}$ gegeben durch

$$(\operatorname{patx}\phi)_{i,j} := \begin{cases} (\operatorname{pat}\phi)_{i,j} & , \text{falls } j \in \{1,...,m\} \\ 0 & , \text{falls } j \in \{m+1,...,n\} \end{cases} \quad (2.9)$$

für $1 \leq i, j \leq n$.

Durch das Auffüllen mit Nullen derjenigen Spalten, die zu keinen Bildkomponenten der Funktion korrespondieren, erhält man eine quadratische Matrix, so dass sich für eine semi-explizite DAE (2.3)

2.2 Strukturelle Größen

die partitionierten Strukturmatrizen

$$(\text{patx } f)_{i,j} = \begin{cases} 0 & \text{, falls } j > n_x \\ 0 & \text{, falls } i \leq n_x \quad \text{und} \quad j \leq n_x \quad \text{und} \quad \dfrac{\partial f_j(\mathbf{x},\mathbf{y})}{\partial x_i} \equiv 0 \\ 0 & \text{, falls } n_x < i \leq n \text{ und} \quad j \leq n_x \quad \text{und} \quad \dfrac{\partial f_j(\mathbf{x},\mathbf{y})}{\partial y_{i-n_x}} \equiv 0 \\ 1 & \text{, sonst} \end{cases} \quad (2.10)$$

$$(\text{pat } g)_{k,l} = \begin{cases} 0 & \text{, falls } k \leq n_x \quad \text{und} \quad \dfrac{\partial g_l(\mathbf{x},\mathbf{y})}{\partial x_k} \equiv 0 \\ 0 & \text{, falls } n_x < k \leq n \text{ und} \quad \dfrac{\partial g_l(\mathbf{x},\mathbf{y})}{\partial y_{k-n_x}} \equiv 0 \\ 1 & \text{, sonst.} \end{cases}$$

für $1 \leq i,j,k \leq n$ und $1 \leq l \leq n_y$ ergeben. Diese Konstruktion wird nun veranschaulicht. Zunächst werden die Zeilen aufgeteilt in solche, die die Abhängigkeit von differentiellen Variablen wiedergeben, und solche, die sich auf algebraische Variablen beziehen. Während sich die klassische Definition der Strukturmatrix von f in einer nicht-quadratischen Form von pat f niederschlagen würde, werden zusätzlich n_y Nullspalten zur Erzeugung einer quadratischen Matrix angehängt. Ein Beispiel diene der Verdeutlichung.

Beispiel 2.2.4
Für $n_x = 3$ und $n_y = 2$ sei die semi-explizite DAE

$$\dot{x}_1 = f_1(x_1, x_2, y_2)$$
$$\dot{x}_2 = f_2(x_3, y_1)$$
$$\dot{x}_3 = f_3(x_2, x_3)$$
$$0 = g_1(x_2, y_2)$$
$$0 = g_2(x_1, y_2)$$

gegeben, bei der die variablen Argumentenlisten jeweils alle tatsächlich bestehenden Abhängigkeiten beschreiben. Die Strukturmatrizen lauten

$$\text{patx } f = \begin{pmatrix} 1 & 0 & 0 & 0 & 0 \\ 1 & 0 & 1 & 0 & 0 \\ 0 & 1 & 1 & 0 & 0 \\ 0 & 1 & 0 & 0 & 0 \\ 1 & 0 & 0 & 0 & 0 \end{pmatrix} \in \{0,1\}^{5 \times 5} \quad \textit{und} \quad \text{pat } g = \begin{pmatrix} 0 & 1 \\ 1 & 0 \\ 0 & 0 \\ 0 & 0 \\ 1 & 1 \end{pmatrix} \in \{0,1\}^{5 \times 2}.$$

Wir gehen von nun an davon aus, dass die Strukturmatrizen unseres Problems bekannt sind, was de facto eine durchaus gewichtige Annahme darstellt. So kann bereits das einfache Ablesen der Argumente von analytisch bekannten Funktionen zu strukturellen Schattenabhängigkeiten führen, wie das Beispiel

$$\phi(x_1, x_2) = \arctan(x_1) + \arctan(x_2) - \arctan\left(\frac{x_1 + x_2}{1 - x_1 x_2}\right)$$

für $\mathcal{D} := \left\{(x_1,x_2) \,\middle|\, x_1\,x_2 < 1\right\}$ zeigt. Während auf den ersten Blick

$$\text{pat}\,\phi = \begin{pmatrix} 1 \\ 1 \end{pmatrix}$$

als korrekte strukturelle Repräsentation von ϕ erscheint, so gilt tatsächlich $\phi \equiv 0$ und mithin

$$\text{pat}\,\phi = \begin{pmatrix} 0 \\ 0 \end{pmatrix}.$$

Im Fall von analytisch bekannten Funktionen können z.B. Computeralgebraprogramme genutzt werden, um die betrachteten Funktionen so weit wie möglich zu vereinfachen und Schattenabhängigkeiten zuverlässig zu vermeiden. Werden Gleichungen einer DAE jedoch automatisch generiert, wie z.b. bei der mechanischen *Mehrkörpersimulation* [Eic91, Fü91, Arn04a] oder bei der Verwendung von Softwarepaketen wie *Modelica*[5] oder *Simulink*[6], und sind somit gar nicht explizit bekannt, so ist die Bestimmung von funktionalen Abhängigkeiten eine nicht-triviale Aufgabe. Der Berechnung von Strukturmatrizen gerade in solchen schwierigen Fällen widmet sich Kapitel 6.

2.2.2 DAE-Äquivalenzklassen

Nachdem unsere Untersuchungen von konkreten numerischen Werten abstrahieren und einzig die Abhängigkeits- bzw. Besetzungsstruktur der DAE als System von funktionalen Zusammenhängen ausnutzen, werden alle DAEs mit gleicher Struktur auch als gleich angesehen, obwohl sie sich eventuell deutlich in den konkret vorkommenden Zahlenwerten unterscheiden. Aus diesem Grund werden in dieser Arbeit lediglich Aussagen auf *Äquivalenzklassen* von DAEs getroffen, wobei wir konkretisieren müssen, wann genau zwei DAEs äquivalent heißen.

Definition 2.2.5 (Einsfunktion)
Zu einer Matrix $M = (\mu_{i,j}) \in \mathbb{R}^{n \times m}$ *ist die Einsfunktion* $\mathbb{1} : M \mapsto \mathbb{1}(M) \in \{0,1\}^{n \times m}$ *gegeben durch*

$$\mathbb{1}(M)_{i,j} = \begin{cases} 0 & \text{, falls } \mu_{i,j} = 0 \\ 1 & \text{, falls } \mu_{i,j} \neq 0 \end{cases} \quad \textit{für } 1 \leq i \leq n \textit{ und } 1 \leq j \leq m.$$

Diese matrix-wertige Funktion extrahiert aus einer beliebigen Matrix also genau die Aussage, ob ein Eintrag verschieden von Null ist oder nicht. Damit können Matrizen auf ihre Besetzungsstruktur reduziert und von konkreten Zahlenwerten abstrahiert werden.

Definition 2.2.6 (Äquivalenz von Matrizen)
Wir nennen zwei Matrizen $M_1, M_2 \in \mathbb{R}^{n \times m}$ *genau dann äquivalent, wenn sie die gleiche Besetzungsstruktur besitzen, d.h.*

$$M_1 \sim M_2 \quad :\Leftrightarrow \quad \mathbb{1}(M_1) = \mathbb{1}(M_2).$$

---

5 http://www.mathcore.com/products/mathmodelica/
6 http://www.mathworks.de/products/simulink/

2.2 Strukturelle Größen

Die Äquivalenzklasse $\widetilde{M} \subseteq \mathbb{R}^{n \times m}$ einer Matrix $M \in \mathbb{R}^{n \times m}$ ist somit gegeben durch

$$\widetilde{M} := \left\{ N \in \mathbb{R}^{n \times m} \,\middle|\, M \sim N \right\}.$$

Im Rahmen unserer strukturellen Untersuchungen können zwei äquivalente Matrizen demnach nicht unterschieden werden. Dies motiviert eine analoge Definition für Funktionen, die lediglich durch ihre Strukturmatrizen repräsentiert werden.

Definition 2.2.7 (Äquivalenz von Funktionen)
Wir nennen zwei Funktionen $\phi_1, \phi_2 : \mathbb{R}^n \to \mathbb{R}^m$ genau dann äquivalent, wenn sie die gleiche Strukturmatrix besitzen, d.h.

$$\phi_1 \sim \phi_2 \quad :\Leftrightarrow \quad \mathrm{pat}\,\phi_1 = \mathrm{pat}\,\phi_2.$$

Die Äquivalenzklasse $\widetilde{\phi}$ einer Funktion ϕ ist nun gegeben durch

$$\widetilde{\phi} := \left\{ \psi : \mathbb{R}^n \to \mathbb{R}^m \,\middle|\, \phi \sim \psi \right\}.$$

Für zwei äquivalente Funktionen $\phi_1 \sim \phi_2$ gilt somit auch $\mathrm{patx}\,\phi_1 = \mathrm{patx}\,\phi_2$. Um schließlich zwei DAEs vergleichbar zu machen, führen wir eine formale Notation ein.

Notation 2.2.8
Eine semi-explizite DAE der Form (2.3) *wird mit dem Funktionen-Tupel (f,g) identifiziert.*

Definition 2.2.9 (Äquivalenz von semi-expliziten DAEs)
Zwei DAEs (f_1, g_1) und (f_2, g_2) sind genau dann äquivalent, wenn ihre Funktionen jeweils äquivalent sind, d.h.

$$(f_1, g_1) \sim (f_2, g_2) \quad :\Leftrightarrow \quad f_1 \sim f_2 \;\;\text{und}\;\; g_1 \sim g_2.$$

Die Äquivalenzklasse einer DAE (f,g) ist gegeben durch

$$\widetilde{(f,g)} := \left\{ (\phi, \gamma) \,\middle|\, (f,g) \sim (\phi, \gamma) \right\}.$$

Dabei ist es offensichtlich, dass durch diesen Äquivalenzbegriff für $c \in \mathbb{R} \setminus \{0\}$ die vom Problem selbst implizierte Invarianz

$$(f,g) \sim (f, c \cdot g)$$

wie auch die Invarianz gegenüber Transformationen $t \mapsto \tau := ct$ der Zeit[7] tatsächlich respektiert werden.

---

[7] Durch die Zeitskalierung ergibt sich für die differentiellen Gleichungen der DAE lediglich ein von Null verschiedener multiplikativer Vorfaktor, der die Besetzungsstruktur unverändert lässt.

Sprechweise zur Äquivalenzklassen-Logik

Wird bei den folgenden Untersuchungen behauptet, eine DAE habe einen gewissen Index oder Gleichungen seien nach einer Variablen auflösbar oder Ähnliches, so ist dies als Kurzform von „*Es gibt ein Problem innerhalb der gleichen Äquivalenzklasse, für die diese Eigenschaft zutrifft.*" zu verstehen. Lediglich Aussagen, die alleine aus strukturellen Argumenten hergeleitet werden, sind für alle Vertreter der entsprechenden Äquivalenzklasse verbindlich. Dieser feine Unterschied ist insbesondere bei Lösbarkeitsaussagen zu beachten. Positive Aussagen zur Lösbarkeit eines Problems treffen dabei auf mindestens einen Vertreter der Äquivalenzklasse zu, während negative Lösbarkeitsaussagen, die allein aus strukturellen Argumenten hergeleitet werden, für alle Vertreter der zugehörigen Äquivalenzklasse gelten. Diese *Äquivalenzklassen-Logik* ist stets zu berücksichtigen.

2.2.3 Der strukturelle Rang

Als überaus wichtiges Hilfsmittel zur Untersuchung der Regularität von Problemen spielt der Rang einer Matrix eine zentrale Rolle in der Mathematik. Seine konkrete Berechnung anhand der numerischen Matrixeinträge stellt jedoch ein schlecht konditioniertes Problem dar [Duf86] und ist daher nur sehr eingeschränkt algorithmisch durchführbar. Diese Überlegung kann mit folgendem Lemma verstanden werden.

Lemma 2.2.10
Die Menge aller regulären Matrizen der Dimension n liegt offen und dicht im Raum $\mathbb{R}^{n \times n}$ aller reellen quadratischen Matrizen.

Beweis Die Aussage folgt direkt aus der Stetigkeit der Determinanten-Abbildung. □

Während also Rangberechnungen für konkrete Zahlenwerte einer Matrix in der Numerik sehr problematisch sind, stellt der *strukturelle Rang* [Duf86, Ung95] (engl. structural **rank**, srank) ein strukturanalytisches Pendant mit weitaus besserer Kondition dar, womit insbesondere die numerische Auswertbarkeit, z.B. mittels der Berechnung *maximaler Transversaler* [Duf81, Duf10], garantiert ist. Im Rahmen der Betrachtung von Matrix-Äquivalenzklassen definieren wir somit

Definition 2.2.11 (Struktureller Rang)
Für eine Matrix M ist der strukturelle Rang $\operatorname{srank} M$ durch

$$\operatorname{srank} M := \max \left\{ \operatorname{rank} N \,\middle|\, N \in \widetilde{M} \right\}$$

gegeben.

Zwischen numerischem und strukturellem Rang besteht die Beziehung

Korollar 2.2.12
Sei $M \in \mathbb{R}^{n \times m}$ eine Matrix. Die Menge

$$\left\{ N \in \widetilde{M} \,\middle|\, \operatorname{rank} N = \operatorname{srank} M \right\}$$

liegt dicht in $\widetilde{M}$.

Beweis Sei $\varepsilon > 0$. Sei weiter $s := \operatorname{srank} M$ und $A \in \widetilde{M}$ mit $\operatorname{rank} A < s$. Dann gilt nach Definition 2.2.11 auch $\operatorname{srank} A = s$ und es gibt zwei Permutationsmatrizen $P_1 \in \{0,1\}^{s \times n}$ und $P_2 \in \{0,1\}^{m \times s}$, so dass $B := P_1 A P_2 \in \mathbb{R}^{s \times s}$ die Eigenschaften

$$\operatorname{srank} B = s \quad \text{und} \quad \operatorname{rank} B < s$$

besitzt. Wegen der auch Lemma 2.2.10 zu Grunde liegenden Stetigkeit der Determinanten-Abbildung existiert nun eine Matrix $\hat{B} \in \mathbb{R}^{s \times s}$ mit $\operatorname{rank} \hat{B} = s$, $\hat{B} \sim B$ und $\|B - \hat{B}\|_F \leq \varepsilon$, wobei $\|\cdot\|_F$ die Frobeniusnorm bezeichne.
Sei nun $\hat{A} \in \mathbb{R}^{n \times m}$ diejenige Matrix, die aus A hervorgeht, wenn die von den Permutationen betroffenen Einträge von A derart durch die entsprechenden Einträge aus $\hat{B}$ ersetzt werden, dass $P_1 \hat{A} P_2 = \hat{B}$ erfüllt ist. Nach Konstruktion ist sowohl $\operatorname{rank} \hat{A} = s$ als auch $\|A - \hat{A}\|_F = \|B - \hat{B}\|_F \leq \varepsilon$. Damit ist die Behauptung gezeigt. □

Diese Erkenntnis rechtfertigt somit die Betrachtung von Äquivalenzklassen statt einzelner Vertreter und qualifiziert in Kombination mit der numerisch problemlosen Berechenbarkeit des strukturellen Ranges diesen zum adäquaten Werkzeug einer strukturellen Analyse. Darüber hinaus lässt sich für eine Matrix $M \in \mathbb{R}^{n \times m}$ der Übergang zu Äquivalenzklassen gemäß

$$(M, \operatorname{rank} M) \mapsto \left(\widetilde{M}, \operatorname{srank} M\right)$$

sehr anschaulich aus graphentheoretischer Sicht interpretieren. Da diese Sichtweise der bislang eingeführten strukturellen Größen essentiell für die Konstruktionen in Kapitel 5 sein wird, soll an dieser Stelle näher darauf eingegangen werden.

2.3 Graphentheoretische Interpretation

Bevor wir eine DAE als Graphen interpretieren können, müssen zunächst die grundlegenden Konzepte aus der Graphentheorie dargestellt werden. Für eine umfassende Einführung in dieses Thema sei beispielsweise auf [Bol98, Die06] verwiesen.

Definition 2.3.1 (Grundlagen aus der Graphentheorie)
*Unter einem Graphen G verstehen wir das Tupel $G = (V, E)$ aus einer Knotenmenge $V = \{v_1, ..., v_n\}$ und einer Kantenmenge $E \subseteq V \times V$. Der Graph heißt ungerichtet, wenn für alle $i, j \in \{1, ..., n\}$ aus $(v_i, v_j) \in E$ auch $(v_j, v_i) \in E$ folgt.
Gilt $E \subseteq (V_1 \times V_2) \cup (V_2 \times V_1)$ für nicht-leere, disjunkte Teilmengen $V_1, V_2 \subset V$ mit $V = V_1 \cup V_2$, so heißt der Graph G bipartit und wir schreiben $|V_1| = n_1$ und $|V_2| = n_2$, mithin gilt also $n_1 + n_2 = n$.
Sind für zwei Graphen $G_1 = (V_1, E_1), G_2 = (V_2, E_2)$ die Relationen $V_1 \subseteq V_2$ und $E_1 \subseteq E_2$ erfüllt, so heißt G_1 Teilgraph von G_2.*

Für einen Graphen G mit n Knoten wird die von den Kanten induzierte Verknüpfungsstruktur von der

Adjazenzmatrix (engl. **adj**acency matrix, adj) $\operatorname{adj} G \in \{0,1\}^{n \times n}$ gemäß

$$(\operatorname{adj} G)_{i,j} = \begin{cases} 0 & \text{, falls } (v_i, v_j) \notin E \\ 1 & \text{, falls } (v_i, v_j) \in E \end{cases} \quad 1 \leq i, j \leq n \tag{2.11}$$

wiedergegeben, die für ungerichtete Graphen stets symmetrisch ist. Umgekehrt repräsentiert jede symmetrische binäre Matrix vermöge (2.11) einen ungerichteten Graphen. Die spezielle Struktur eines bipartiten, ungerichteten Graphen G impliziert bei geeigneter Nummerierung der Knoten eine Adjazenzmatrix der Form

$$\operatorname{adj} G = \begin{pmatrix} 0 & \mathcal{A} \\ \mathcal{A}^T & 0 \end{pmatrix} \in \{0,1\}^{n \times n} \tag{2.12}$$

mit $\mathcal{A} \in \{0,1\}^{n_1 \times n_2}$, so dass in diesem Fall sämtliche strukturelle Information bereits in der Matrix $\mathcal{A}$ enthalten ist, die wir als *eingeschränkte Adjazenzmatrix* (engl. **c**onstrained **adj**acency matrix, adjc) bezeichnen.

Definition 2.3.2 (Eingeschränkte Adjazenzmatrix)
Sei $G = (V, E)$ ein bipartiter, ungerichteter Graph mit $V = V_1 \cup V_2$. Für die disjunkten Mengen $V_1 = \{v_1^1, ..., v_{n_1}^1\}$ und $V_2 = \{v_1^2, ..., v_{n_2}^2\}$ ist die eingeschränkte Adjazenzmatrix $\operatorname{adjc}_{V_1}^{V_2} G \in \{0,1\}^{n_1 \times n_2}$ definiert durch

$$\left(\operatorname{adjc}_{V_1}^{V_2} G\right)_{i,j} = \begin{cases} 0 & \text{, falls } (v_i^1, v_j^2) \notin E \\ 1 & \text{, falls } (v_i^1, v_j^2) \in E \end{cases} \quad 1 \leq i \leq n_1,\ 1 \leq j \leq n_2. \tag{2.13}$$

Da die beiden Teilmengen V_1 und V_2 unter Transponieren der eingeschränkten Adjazenzmatrix gemäß

$$\operatorname{adjc}_{V_1}^{V_2} G = \left(\operatorname{adjc}_{V_2}^{V_1} G\right)^T \tag{2.14}$$

vertauscht werden dürfen, ist die Zuordnung einer eingeschränkten Adjazenzmatrix zu einem bipartiten, ungerichteten Graph erst nach Fixierung der Partitionierung von V eindeutig. Umgekehrt kann für zwei gegebene disjunkte Mengen $V_1 = \{v_1^1, ..., v_{n_1}^1\}$ und $V_2 = \{v_1^2, ..., v_{n_2}^2\}$ jede binäre Matrix $\mathcal{A} \in \{0,1\}^{n_1 \times n_2}$ eindeutig als eingeschränkte Adjazenzmatrix eines bipartiten, ungerichteten Graphen $G = (V_1 \cup V_2, E)$ interpretiert werden, wobei sich die Kantenmenge E aus (2.13) ergibt. Somit stellt auch die Strukturmatrix pat ϕ einer Funktion $\phi : \mathcal{D} \subseteq \mathbb{R}^n \to \mathbb{R}^m$ einen bipartiten, ungerichteten Graphen dar, wenn wir formal $V_1 = \{x_1, ..., x_n\}$ und $V_2 = \{\phi_1, ..., \phi_m\}$ ansetzen. Den aus der Abhängigkeitsstruktur einer Funktion abgeleiteten bipartiten Graphen nennen wir *Abhängigkeitsgraph*.

Definition 2.3.3 (Abhängigkeitsgraph)
Den von der Strukturmatrix pat ϕ *einer Funktion $\phi : \mathcal{D} \subseteq \mathbb{R}^n \to \mathbb{R}^m$ durch*

$$\operatorname{adjc}_{\{x_1,...,x_n\}}^{\{\phi_1,...,\phi_m\}} G = \operatorname{pat} \phi$$

implizierten bipartiten Graphen nennen wir Abhängigkeitsgraph von ϕ.

Zur Veranschaulichung diene folgendes Beispiel.

Beispiel 2.3.4

Wir betrachten erneut die Funktion $\phi : \mathbb{R}^3 \to \mathbb{R}^2$ aus Beispiel 2.2.2, die durch

$$\phi(\mathbf{x}) = \begin{pmatrix} \phi_1(x_1, x_3) \\ \phi_2(x_2) \end{pmatrix} = \begin{pmatrix} \sin(x_1)\cos(x_3) \\ \sin(x_2) \end{pmatrix}$$

gegeben sei und demnach die Strukturmatrix

$$\text{pat}\,\phi = \begin{pmatrix} 1 & 0 \\ 0 & 1 \\ 1 & 0 \end{pmatrix}$$

besitzt. Mit $V_1 = \{x_1, x_2, x_3\}$ und $V_2 = \{\phi_1, \phi_2\}$ erhalten wir den in Abbildung 2.1 dargestellten Abhängigkeitsgraphen.

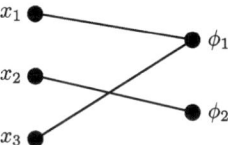

Abbildung 2.1: Abhängigkeitsgraph der Funktion ϕ.

Nach diesen Überlegungen können nun auch semi-explizite DAEs als Graphen dargestellt werden, wobei hier zwei verschiedene Ansätze denkbar sind. Zunächst können der differentielle und der algebraische Teil getrennt betrachtet und in zwei unabhängige Graphen G_d und G_a vermöge

$$\text{adjc}^{\{f_1,\dots,f_{n_x}\}}_{\{\dot{x}_1,\dots,\dot{x}_{n_x},y_1,\dots,y_{n_y}\}}\, G_d = \text{pat}\, f$$

und

$$\text{adjc}^{\{g_1,\dots,g_{n_y}\}}_{\{x_1,\dots,x_{n_x},y_1,\dots,y_{n_y}\}}\, G_a = \text{pat}\, g$$

überführt werden. Die in beiden Graphen gleiche Teilmenge $V_1 = \left\{x_1,\dots,x_{n_x},y_1,\dots,y_{n_y}\right\}$ lässt jedoch auch ein Verschmelzen der beiden Graphen und die kompakte Darstellung in einem einzigen Graphen G zu, der durch

$$\text{adjc}^{\{f_1,\dots,f_{n_x},g_1,\dots,g_{n_y}\}}_{\{\dot{x}_1,\dots,\dot{x}_{n_x},y_1,\dots,y_{n_y}\}}\, G = \left(\text{pat}\,f \,\middle|\, \text{pat}\,g\right) \in \{0,1\}^{n \times n} \qquad (2.15)$$

induziert wird. Anhand der DAE aus Beispiel 2.2.4 sollen die beiden Ansätze veranschaulicht werden.

Beispiel 2.3.5
Für $n_x = 3$ und $n_y = 2$ sei die semi-explizite DAE

$$\dot{x}_1 = f_1(x_1, x_2, y_2)$$
$$\dot{x}_2 = f_2(x_3, y_1)$$
$$\dot{x}_3 = f_3(x_2, x_3)$$
$$0 = g_1(x_2, y_2)$$
$$0 = g_2(x_1, y_2)$$

mit den Strukturmatrizen

$$\operatorname{pat} f = \begin{pmatrix} 1 & 0 & 0 \\ 1 & 0 & 1 \\ 0 & 1 & 1 \\ 0 & 1 & 0 \\ 1 & 0 & 0 \end{pmatrix} \in \{0,1\}^{5 \times 3} \quad \text{und} \quad \operatorname{pat} g = \begin{pmatrix} 0 & 1 \\ 1 & 0 \\ 0 & 0 \\ 0 & 0 \\ 1 & 1 \end{pmatrix} \in \{0,1\}^{5 \times 2}$$

gegeben. In den Abbildungen 2.2(a) und 2.2(b) wurden differentieller und algebraischer Teil unabhängig von einander in Graphen überführt, während Abbildung 2.2(c) die kompakte Darstellung gemäß (2.15) wiedergibt.

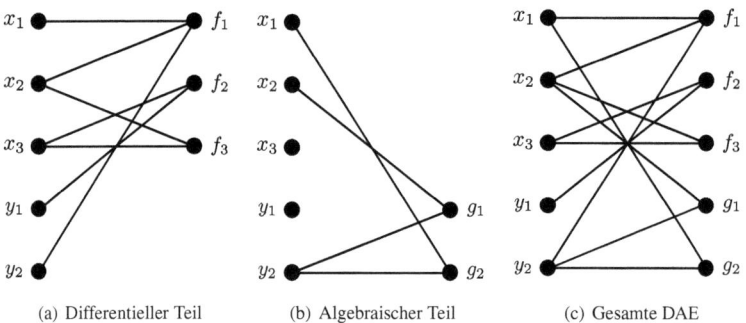

(a) Differentieller Teil (b) Algebraischer Teil (c) Gesamte DAE

Abbildung 2.2: Darstellung einer semi-expliziten DAE als Graph

An dieser Stelle wird bereits der Sinn hinter dem Konzept der erweiterten Strukturmatrizen nach Definition 2.2.3 klar, da die dort an die vom differentiellen Teil der DAE gebildete Strukturmatrix zusätzlich angefügten Null-Spalten genau zu den Knoten korrespondieren, die durch die algebraischen Nebenbedingungen gebildet werden. Die erweiterten Strukturmatrizen bilden somit den formalen Rahmen, die DAE gemäß (2.15) strukturell als Ganzes zu behandeln und nicht differentielle und algebraische Teile zu separieren. Dies stellt das Fundament für die weiteren Konstruktionen in Kapitel 5 dar, so dass wir analog zum Abhängigkeitsgraphen einer Funktion nun den *Abhängigkeitsgraphen einer (semi-expliziten) DAE* einführen.

2.3 Graphentheoretische Interpretation

Definition 2.3.6 (Abhängigkeitsgraph einer semi-expliziten DAE)
Zu einer semi-expliziten DAE der Form (2.3) nennen wir den von (2.15) gegebenen Graphen G den Abhängigkeitsgraphen der DAE.

Wir wollen uns der Graphentheorie jedoch nicht nur zu einer besseren Visualisierung einer DAE[8] bedienen, sondern mit ihrer Hilfe auch tiefer in die strukturelle Analyse der betrachteten Systeme eintauchen. Über die Interpretation einer binären Matrix als eingeschränkte Adjazenzmatrix eines bipartiten, ungerichteten Graphen ist es nämlich möglich, eine Aussage über den strukturellen Rang eben dieser Matrix zu treffen, was als ein Kernelement in die Überlegungen von Kapitel 5 eingehen wird. Daher soll an dieser Stelle das zu Grunde liegende Konzept der *Paarung* (engl. matching)[9] dargestellt werden.

Definition 2.3.7 (Matching eines Graphen)
Sei $G = (V,E)$ ein ungerichteter Graph. Eine Kantenmenge $S \subseteq E$ heißt Matching, wenn jeder Knoten $v \in V$ auf maximal einer Kante $s \in S$ liegt, d.h. höchstens einfach von S überdeckt wird.
Ein Matching heißt maximal, wenn keine weitere Kante zu S hinzugefügt werden kann, so dass das Resultat wieder ein Matching ist. Gibt es kein anderes Matching mit mehr Elementen, so heißt S größtes Matching. Die Anzahl der Elemente eines größten Matchings heißt Matchingzahl $m(G)$. Ist jeder Knoten von S überdeckt, so heißt das Matching perfekt.

Wir beschränken uns erneut auf bipartite Graphen und können somit ein größtes Matching als möglichst große Teilmenge von Kanten verstehen, die sich an den Enden nicht berühren. Auf diese Art und Weise extrahiert ein größtes Matching eine bei gegebener Verknüpfungsstruktur größtmögliche Anzahl an Knotentupeln, so dass jeder Knoten nur in höchstens einem Tupel enthalten ist. Existiert ein perfektes Matching, so ist jeder Knoten in genau einem Tupel enthalten und vermöge des Matchings genau einem anderen Knoten zugeordnet. Der Begriff des Matchings soll am folgenden Beispiel veranschaulicht werden.

Beispiel 2.3.8
Sei die binäre Matrix

$$\mathcal{M} = \begin{pmatrix} 1 & 1 & 0 \\ 0 & 0 & 1 \\ 0 & 0 & 1 \end{pmatrix}$$

gegeben. Durch

$$\mathrm{adjc}_{\{v_1,v_2,v_3\}}^{\{w_1,w_2,w_3\}} G = \mathcal{M}$$

wird der bipartite Graph G in Abbildung 2.3(a) erzeugt, dessen größte Matchings in Abbildung 2.3(b) dargestellt sind.

---

8 Es sei nochmals darauf hingewiesen, dass durch den strukturellen Ansatz stets Äquivalenzklassen von DAEs betrachtet werden. Ein Abhängigkeitsgraph stellt somit also $\widetilde{(f,g)}$ und nicht nur (f,g) dar.
9 Auch wenn in dieser Arbeit den Begrifflichkeiten in deutscher Sprache der Vorzug gegeben wird, soll an dieser Stelle ob der weiten Verbreitung des Wortes *Matching* eine Ausnahme gemacht werden.

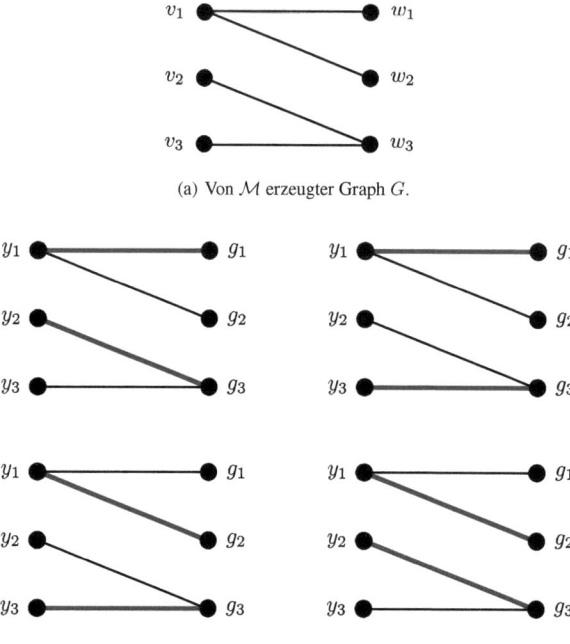

Abbildung 2.3: Größte Matchings in einem bipartiten Graphen.

Die Aussagekraft des Matchings im Rahmen einer strukturelle Analyse gibt der folgende Satz wieder.

Satz 2.3.9 (Größte Matchings und struktureller Rang)
Sei $G = (V,E)$ ein bipartiter, ungerichteter Graph mit $V = V_1 \cup V_2$. Dann gilt

$$m(G) = \operatorname{srank} \operatorname{adjc}_{V_1}^{V_2} G = \operatorname{srank} \operatorname{adjc}_{V_2}^{V_1} G.$$

Beweis: Der rechte Teil der Gleichung ist wegen der Symmetrie der eingeschränkten Adjazenzmatrix gemäß (2.14) offensichtlich erfüllt.
Die Adjazenzmatrix $\operatorname{adj} G$ des Graphen G ist nach Definition 2.3.2 gegeben durch

$$\operatorname{adj} G = \begin{pmatrix} 0 & \operatorname{adjc}_{V_1}^{V_2} G \\ \left(\operatorname{adjc}_{V_1}^{V_2} G\right)^T & 0 \end{pmatrix} = \begin{pmatrix} 0 & \operatorname{adjc}_{V_1}^{V_2} G \\ \operatorname{adjc}_{V_2}^{V_1} G & 0 \end{pmatrix}$$

und besitzt den gleichen strukturellen Rang wie die schief-symmetrische Matrix

$$\mathcal{A} := \begin{pmatrix} 0 & \operatorname{adjc}_{V_1}^{V_2} G \\ -\operatorname{adjc}_{V_2}^{V_1} G & 0 \end{pmatrix} \sim \operatorname{adj} G.$$

Nach Theorem 5 in [AJ75] gilt nun

$$\operatorname{srank} \mathcal{A} = 2\,m(G),$$

2.3 Graphentheoretische Interpretation

so dass aus der Form der Matrix $\mathcal{A}$ mit

$$2\operatorname{srank}\operatorname{adjc}_{V_1}^{V_2} G = \operatorname{srank}\operatorname{adj} G = \operatorname{srank}\mathcal{A} = 2\,m(G)$$

die Behauptung folgt. □

Tatsächlich ist dieser Satz für bipartite Graphen der Spezialfall eines fundamentalen Ergebnisses von Tutte, das mittels der sogenannten *Tutte-Matrix* [Tut47] Aussagen zur Mächtigkeit größter Matchings allgemeiner Graphen zulässt und damit in der Graphentheorie im Rahmen des „*maximum rank completion problem*" sowie bei allgemeineren Matching-Aufgaben und bei der Bestimmung des Ranges von Matrizen Verwendung findet [Gee99, Gee00, Ber03, Gee05].

KAPITEL 3

Strukturanalyse in der Literatur

Fußend auf die bislang vorgestellten Hilfsmittel soll in Kapitel 4 der *schwache Strukturindex* als Kernelement einer Strukturanalyse eingeführt und diskutiert werden, die von dem Wunsch getragen ist, alleine aus der Besetzungsstruktur einer DAE auf deren Differentiationsindex schließen zu können. Aus der gleichen Fragestellung heraus wurde von Duff und Gear der *Strukturindex* [Duf86] als untere Schranke des Differentiationsindex eingeführt, so dass gewisse konzeptionelle Ähnlichkeiten zum hier vorgestellten Indexbegriff bestehen und durch die entsprechend gewählte Nomenklatur auch angedeutet werden sollen. Das Adjektiv „schwach" ist dabei zweifach motiviert. Zum einen wird der neue Index lediglich als untere Schranke konstruiert und beschreibt somit eine notwendige Eigenschaft des Differentiationsindex, ohne den Anspruch zu erheben, den wahren Index stets exakt wiederzugeben. Zum anderen entwickeln wir unsere Strukturanalyse konsequent auf DAE-Äquivalenzklassen statt auf einzelner Repräsentanten. Um also beide Ansätze abgrenzen zu können, soll hier auf den Strukturindex nach Duff und Gear und auf in der Literatur vorgestellte Verfahren zur Indexabschätzung eingegangen werden.

3.1 Der Strukturindex nach Duff und Gear

Duff und Gear motivieren ihre strukturellen Überlegungen in [Duf86] durch semi-explizite DAEs (2.3) der speziellen Form[10]

$$\dot{\mathbf{x}} = f(\mathbf{x}) + G\mathbf{y}$$
$$0 = H\mathbf{x} - A\mathbf{y} \tag{3.1}$$

mit $A \in \mathbb{R}^{n_y \times n_y}$, $G \in \mathbb{R}^{n_x \times n_y}$ und $H \in \mathbb{R}^{n_y \times n_x}$.
Im Fall $n_y > 0$ liegen algebraische Variablen vor und es ergibt sich ein Differentiationsindex $\nu \geq 1$, wobei – wie in Abschnitt 2.1 bereits erläutert – die numerische Lösbarkeit von (3.1) eine Beschränkung des Differentiationsindex nach oben bedingt. Mittels Indexreduktion[11] erhält man

Lemma 3.1.1
Für die DAE (3.1) *gilt*

---

10 Die Notation in [Duf86] wurde an (2.3) angepasst.
11 Siehe Abschnitt 2.1.

- $\nu = 0$ $\Leftrightarrow$ $n_y = 0$
- $\nu = 1$ $\Leftrightarrow$ $\operatorname{rank} A = n_y$
- $\nu = 2$ $\Leftrightarrow$ $\operatorname{rank} A < n_y$ und $\operatorname{rank} \begin{pmatrix} A \\ NHG \end{pmatrix} = n_y,$

wobei im letzten Fall die Zeilen der Matrix $N \in \mathbb{R}^{r \times n_y}$ den Links-Kern von A aufspannen, d.h. $NA = 0$, und N rang-maximal mit dieser Eigenschaft ist.

Beweis Siehe [Duf86]. □

Somit erfüllt die betrachtete DAE genau dann $\nu \leq 2$, wenn die Matrix

$$\mathcal{A} := \begin{pmatrix} A \\ NHG \end{pmatrix}$$

den Rang n_y besitzt. Nach Korollar 2.2.12 besitzen jedoch fast alle zu $\mathcal{A}$ äquivalenten Matrizen den gleichen Rang, so dass sich für die DAE auch für fast alle zu $\mathcal{A}$ äquivalenten Matrizen der gleiche Differentiationsindex ergibt, der sodann als *Strukturindex* bezeichnet wird.

Die Bestimmung des strukturellen Ranges von $\mathcal{A}$ wird jedoch durch die Unkenntnis der Matrix N bzw. ihrer Besetzungsstruktur erschwert, die lediglich aus der Besetzungsstruktur von A abgeleitet werden muss und daher nicht eindeutig ist. Dieser Komplexität des Problems ist die exponentielle Laufzeit des in [Duf86] angegebenen Algorithmus geschuldet, der die Äquivalenzklasse der DAE (3.1) auf die Eigenschaft $\nu = 2$ hin untersucht und auf der Bestimmung *maximaler Transversaler* zur Berechnung des strukturellen Ranges einer Matrix [Duf81] basiert.

Eine weitere Schwierigkeit dieses Ansatzes ist das subtile Zusammenspiel von strukturellem Rang und Strukturindex. Während zusätzliche von Null verschiedene Einträge den strukturellen Rang von A nur erhöhen oder konstant lassen können, ist eine Aussage über die Änderung des zugehörigen Strukturindex nicht möglich. Dieser Umstand ist über die Matrix N wiederum dem Auftauchen einer Basis des Nullraumes von A geschuldet und es kann ein Beispiel angegeben werden, bei dem ein zusätzlicher positiver Eintrag in pat A schließlich die Erhöhung des Strukturindex des Systems bewirkt [Duf86].

Diese Eigenschaft des Strukturindex ist wenig intuitiv und läuft der Aussage des Differentiationsindex in gewissem Sinne zuwider. Immerhin ist der Differentiationsindex konzeptionell durch die Berechenbarkeit der algebraischen Variablen aus den Nebenbedingungen festgelegt und sollte sich daher durch das formale Auftauchen zusätzlicher Variabler, womit die Auflösbarkeit der betrachteten Gleichungen tendenziell positiv beeinflusst wird, nicht erhöhen.

3.2 Pantelides' Algorithmus

Wie bereits im einleitenden Abschnitt 2.1 dargestellt wurde, müssen die Lösungen einer DAE neben den offensichtlich gegebenen Gleichungen noch weitere Mannigfaltigkeiten respektieren, die in der Struktur der DAE verborgen sind und während eines Indexreduktionsverfahrens beim Differenzieren von algebraischen Gleichungen in Form von *versteckten Nebenbedingungen* (engl. hidden constraints)

3.2 Pantelides' Algorithmus

auftauchen. Da somit auch die Vorgabe von Anfangswerten dieser komplizierten Geometrie des Lösungsraumes genügen muss, um eine echte Lösung und nicht etwa nur eine Geisterlösung zu erhalten, ist die konsistente Initialisierung einer DAE von essentieller Bedeutung für jeglichen numerischen Lösungsansatz. Insbesondere stellt sich die Frage, welche dieser versteckten Nebenbedingungen tatsächlich neue Information in sich tragen und daher für die Berechnung konsistenter Anfangswerte berücksichtigt werden müssen.

Pantelides wählt zur Beantwortung dieser Frage für allgemeine DAEs der Form[12]

$$F(\dot{\mathbf{x}}, \mathbf{x}, \mathbf{y}) = \mathbf{0} \tag{3.2}$$

mit differentiellen Variablen $\mathbf{x} \in \mathbb{R}^{n_x}$, algebraischen Variablen $\mathbf{y} \in \mathbb{R}^{n_y}$, $n = n_x + n_y$ und hinreichend glatter Funktion $F : \mathbb{R}^{n_x+n_x+n_y} \to \mathbb{R}^n$ einen graphentheoretischen Ansatz, wobei er seinen Untersuchungen den von

$$\text{adjc}_{\{\dot{x}_1,\ldots,\dot{x}_{n_\mathbf{x}},x_1,\ldots,x_{n_\mathbf{x}},y_1,\ldots,y_{n_y}\}}^{\{F_1,\ldots,F_n\}} G = \text{pat} \begin{pmatrix} \frac{\partial}{\partial \dot{\mathbf{x}}} F \\ \frac{\partial}{\partial \mathbf{x}} F \\ \frac{\partial}{\partial \mathbf{y}} F \end{pmatrix} \in \{0,1\}^{(n_x+n_x+n_y)\times n_x} \tag{3.3}$$

induzierten Graphen G zu Grunde legt [Pan88]. Aufbauend auf dem *Satz von Hall*[13], einem fundamentalen Ergebnis der Graphentheorie, und der Methode aus [Duf81] zur Bestimmung maximaler Transversaler, entwickelt Pantelides einen Algorithmus zur Detektion *strukturell singulärer* Teilmengen der Gleichungen in (3.2). Eine Menge von Gleichungen wird dabei als strukturell singulär bezeichnet, wenn sie formal weniger Komponenten des Vektors $(\dot{\mathbf{x}}, \mathbf{y})^T$ als einzelne Gleichungen enthält. Dies stellt ein hinreichendes[14] Kriterium dafür dar, dass bei erneutem Differenzieren Gleichungen hervorgebracht werden, die tatsächlich neue Bedingungen an den Zustand $\mathbf{x}$ darstellen und somit von einer Lösung erfüllt werden müssen.

Auch wenn Pantelides sich auf den ersten Blick eines ähnlichen graphentheoretischen Zugangs zur Strukturanalyse bedient, wie er in Kapitel 5 dieser Arbeit verwendet wird, legt er mit (3.3) de facto einen anderen Graphen G zu Grunde. Obgleich [Ung95] zunächst noch eine sehr vage Unklarheit darüber konstatiert, wie Pantelides' strukturelle Konzepte im Rahmen der klassischen DAE-Theorie konkret zu verstehen sind[15], wird diesem Verfahren die Fähigkeit zugestanden, zuverlässig eine untere Schranke für den Differentiationsindex, d.h. also den Strukturindex, bestimmen zu können. Dies wird jedoch durch ein später publiziertes Gegenbeispiel in Frage gestellt, siehe Abschnitt 3.4.

---

[12] Im Gegensatz zur Originalarbeit von Pantelides betrachten wir wiederum autonome Systeme.
[13] Dieser Satz wird auch als *Heiratssatz* bezeichnet.
[14] Pantelides verzichtet an dieser Stelle auf die korrekte Rangbestimmung entsprechender Jacobimatrizen, was jedoch vermöge Satz 2.3.9 im Rahmen des graphentheoretischen Ansatzes durchaus möglich wäre.
[15] „*The relation of this approach to the theory of DAEs and the precise meaning of structural considerations by Pantelides (1988) is not evident.*" [Ung95]

3.3 Weitere Verfahren

3.3.1 Verfahren nach Mattson und Söderlind

Aufbauend auf dem Algorithmus von Pantelides wurde von Mattson und Söderlind [Mat93] ein Verfahren vorgeschlagen, bei dem die durch das wiederholte totale Ableiten der DAE entstehenden Gleichungen durch sogenannte *dummy derivatives* behandelt werden. Diese algebraischen Hilfsgrößen werden bei der tatsächlichen Lösung der DAE nicht diskretisiert und dienen lediglich dazu, das um die durch Differentiation entstandenen Gleichungen erweiterte System in ein wohlgestelltes Problem mit Index kleiner gleich 1 zu transformieren und somit einer stabilen numerischen Lösung zugänglich zu machen. Insgesamt zielt dieses Verfahren damit weniger auf strukturelle Untersuchungen und a-priori-Abschätzungen des Differentiationsindex und viel mehr auf die tatsächliche Bestimmung einer UODE zur konkreten numerischen Lösung ab, vgl. [Sch05].

Eine hinreichende Bedingung, um ein System mit einem Differentiationsindex kleiner gleich 1 vorliegen zu haben, ist dessen Auflösbarkeit nach den höchsten vorkommenden Ableitungen. Um diesen Zustand zu erreichen, geht man – wie für Verfahren zur Indexreduktion üblich – iterativ vor, wobei abwechselnd Gleichungen differenziert und abgeleitete Zustände durch dummy derivatives ersetzt werden. Anstatt also Zustände durch bei Differentiation entstandenen Gleichungen zu eliminieren, werden diese Gleichungen zu den ursprünglichen hinzugefügt und die Bestimmtheit des resultierenden Systems durch die Einführung neuer Variabler sichergestellt, vgl. [Fee98a].

Insgesamt bestehen damit zwei wesentliche Unterschiede zwischen diesem Verfahren und der in den folgenden Kapiteln entwickelten Strukturanalyse. Zum einen greift das Konzept des schwachen Strukturindex nicht auf den Algorithmus von Pantelides und den damit assoziierten – und mit Blick auf Abschnitt 3.4 durchaus kritisch zu sehenden – Strukturindex zurück, sondern wird als davon unabhängige Methode neu konstruiert. Zum anderen verfolgt das in Kapitel 5 dieser Arbeit konstruierte Verfahren zur Reduktion des schwachen Strukturindex gerade eine sukzessive Eliminationsstrategie von algebraischen Variablen, so dass die durch Differentiation entstehenden Gleichungen formal eliminiert und gerade nicht an das System angehängt werden.

3.3.2 Verfahren nach Unger et al.

Obwohl Unger et al. die für jede Strukturanalyse typische Abstraktion von konkreten Zahlenwerten und daher auch von korrekten Matrixrängen als Unzulänglichkeit dieser Methodik per se anmerken, sehen sie gerade für große, modular[16] aufgebaute und hochgradig nicht-lineare Probleme keine bezüglich des nötigen Aufwandes konkurrenzfähige Alternative für eine *a priori*-Klassifizierung einer DAE [Ung95]. Dazu wird als adäquates Verfahren eine *strukturelle Indexreduktion* vorgeschlagen.

Die Methodik der Indexreduktion, wie sie in Abschnitt 2.1 angesprochen wurde und in Kapitel 5 weiter vertieft werden wird, geht konzeptionell auf Gear [Gea88] zurück und besteht aus dem iterativen Ausführen dreier Operationen auf einer DAE:

---

16 Vgl. Kapitel 6.

1. **Auflösen**

   Aus der Gleichung $F(\dot{\mathbf{z}}, \mathbf{z}) = 0$ werden möglichst viele Komponenten von $\dot{\mathbf{z}}$ in Abhängigkeit der restlichen differentiellen Terme sowie des Zustandes $\mathbf{z}$ berechnet. Das Ergebnis dieses Schrittes ist also

   $$\dot{\mathbf{z}}_1 = \dot{\mathbf{z}}_1\left(\dot{\mathbf{z}}_2, \mathbf{z}\right) \tag{3.4}$$

   mit $\mathbf{z} = \left(\mathbf{z}_1, \mathbf{z}_2\right)^T$ und stellt bereits einen Teil der gesuchten UODE dar, wobei $\dot{\mathbf{z}}_2$ in den nächsten Iterationszyklen analog behandelt wird.

2. **Eliminieren**

   Durch Einsetzen von (3.4) in die nicht zur Berechnung von $\dot{\mathbf{z}}_1$ herangezogenen Gleichungen werden darin die Komponenten von $\dot{\mathbf{z}}_1$ eliminiert und man erhält ein neues System geringerer Dimension, das keine differentiellen Terme mehr enthält. Leider versäumen die Autoren an dieser Stelle, nachvollziehbar die Elimination von $\dot{\mathbf{z}}_2$ in den in diesem Schritt entstehenden Gleichungen zu erklären, da diese differentiellen Komponenten noch im System verblieben sein müssten.

3. **Differenzieren**

   Das System aus Schritt 2 beinhaltet nun nur noch algebraische Variablen und wird total nach der Zeit differenziert, wobei zum Nachdifferenzieren wiederum die bereits gefundenen Ausdrücke der Form (3.4) verwendet werden. Auf diese Art und Weise wird $\dot{\mathbf{z}}_1$ aus dem System eliminiert und ein neuer Iterationszyklus kann mit Schritt 1 beginnen.

Werden alle Operationen in einen strukturellen Formalismus basierend auf Strukturmatrizen und strukturellen Rängen übersetzt, so wird die Anzahl der für die Indexreduktion benötigten Iterationen von [Ung95] mit dem *Strukturindex* identifiziert und als untere Schranke für den (lokalen) Differentiationsindex charakterisiert.

Wir werden die soeben beschriebene Indexreduktion in Kapitel 5 im Rahmen der hier vorgestellten Strukturanalyse modifizieren und konsistent in den Formalismus des *schwachen Strukturindex* einbetten.

3.4 Unzulänglichkeit des Strukturindex

Mit dem Konzept des Strukturindex, wie es von Duff und Gear in den 1980er Jahren eingeführt wurde, wollte man den Differentiationsindex einer DAE alleine aus ihrer Besetzungsstruktur bestimmen bzw. nach unten abschätzen. Damit sollte noch vor jedem Lösungsversuch analysiert werden, ob das betrachtete System einer stabilen Lösung durch diskretisierende Verfahren überhaupt zugänglich ist oder ob man mit numerischen Problemen bei der Integration rechnen muss, vgl. Abschnitt 2.1. In Abwandlung seiner ursprünglichen Zielsetzung, der Berechnung von konsistenten Anfangswerten, kann der Algorithmus von Pantelides auch zur Abschätzung des Differentiationsindex verwendet werden, wobei die Anzahl der formal ausgeführten Differentiationen wiederum als Strukturindex identifiziert wird und den tatsächlichen Wert des Differentiationsindex nach [Fee98b] nicht überschreitet, mithin also eine untere Schranke dafür bildet. Ebenso interpretieren Unger et al. die Iterationszahl des von ihnen als strukturelle Variante der analytischen Indexreduktion nach Gear vorgeschlagenen Algorithmus' als Strukturindex mit der Eigenschaft, eine untere Schranke für den (lokalen) Differentiationsindex der DAE zu sein [Ung95].

Entgegen dieser Interpretation des Strukturindex konnten Reißig et al. jedoch DAEs mit Differentiationsindex 1 angegeben, für die der Algorithmus nach Pantelides eine beliebig große Anzahl an Iterationen aufweist und mithin einen beliebig großen Strukturindex erzeugt [Rei00]. Damit werden in der Literatur verbreitete Ergebnisse de facto als nicht korrekt[17] entlarvt.

Konkret betrachten Reißig et al. für zwei Matrizen $A, B \in \mathbb{R}^{n \times n}$ die lineare DAE

$$A\dot{\mathbf{z}} + B\mathbf{z} = \mathbf{0}, \tag{3.5}$$

wobei (A,B) ein reguläres Matrixbüschel[18] sei. Zu $k \in \mathbb{N}$ wird nun $n = 2k+1$ sowie $B = I$ gewählt und die Matrix

$$A = \begin{pmatrix} 0 & 1 & 1 & & & & & & \\ & 1 & 1 & & & & & & \\ & & 0 & 1 & 1 & & & & \\ & & & 1 & 1 & & & & \\ & & & & 0 & & & & \\ & & & & & \ddots & & & \\ & & & & & & 0 & 1 & 1 \\ & & & & & & & 1 & 1 \\ & & & & & & & & 0 \end{pmatrix} \in \mathbb{R}^{n \times n}$$

aus k Blöcken der Form

$$\begin{pmatrix} 1 & 1 \\ 1 & 1 \end{pmatrix}$$

aufgebaut. Mit dieser Konstruktion gilt $\operatorname{rank} A = k$ sowie $\operatorname{srank} A = 2k$ und die resultierende DAE (3.5) weist den Differentiationsindex $\nu = 1$ auf. Weiter kann für den Strukturindex der Wert $k+1$ nachgewiesen und eben diese Anzahl an Iterationen des Algorithmus von Pantelides beobachtet werden [Rei00].

Als einfaches und dennoch für die Praxis relevantes Beispiel einer derartigen Systemstruktur wird der elektrische Stromkreis aus Abbildung 3.1 angegeben, der nach den Gesetzen der „*modified node analysis*" (MNA) durch die DAE

$$\begin{pmatrix} 0 & -C & C \\ 0 & C & -C \\ 0 & 0 & 0 \end{pmatrix} \begin{pmatrix} \dot{i} \\ \dot{v}_3 \\ \dot{v}_1 \end{pmatrix} + \begin{pmatrix} -1 & 0 & 0 \\ 0 & R^{-1} & 0 \\ 0 & 0 & -1 \end{pmatrix} \begin{pmatrix} i \\ v_3 \\ v_1 \end{pmatrix} = \begin{pmatrix} 0 \\ 0 \\ v(t) \end{pmatrix} \tag{3.6}$$

---

17 „*This note points to some incorrect results published on the structural analysis of DAEs.*" [Rei00]
18 Zum Begriff des *Matrixbüschels* und damit zusammenhängenden Lösbarkeitsaussagen für lineare DAEs siehe Abschnitt 4.4.

3.4 Unzulänglichkeit des Strukturindex

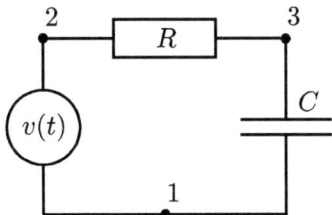

Abbildung 3.1: Stromkreis nach Reißig et al..

beschrieben wird, sofern Knoten 2 als Erdung gewählt wird. Dabei bezeichnet $R > 0$ einen Widerstand, $C > 0$ eine Kapazität und $v(t)$ eine unabhängige Spannungsquelle, durch die ein Strom der Stärke $i(t)$ fließt. Für $j \in \{1,2,3\}$ liegt sodann am j^{ten} Knoten das Potenzial $v_j(t)$ an. Der Schaltkreis ist für $k = 1$ strukturell äquivalent zu (3.5) und weist trotz Differentiationsindex $\nu = 1$ den Strukturindex 2 auf.

Reißig et al. ziehen aus ihrer Beobachtung den Schluss, dass es sich bei System (3.5) um eine DAE mit *beinahe hohem Index* (engl. nearly high index DAE) handelt, die zwar analytisch den Index 1 besitzt, aber bei kleiner Störung der Parameter tatsächlich den größeren Strukturindex annimmt. Auf Grund von Rundungs- und Diskretisierungsfehlern könne man, so die Autoren, beim numerischen Lösen durchaus den größeren Strukturindex statt des geringen Differentiationsindex beobachten. Gleichwohl bemerken sie, dass eine weitergehende Untersuchung dieser Überlegungen und insbesondere der numerischen Konsequenzen daraus noch nicht stattgefunden habe [Rei00].

Im Gegensatz zu diesen Versuchen, das beobachtete Phänomen aus dem Problem selbst heraus zu erklären statt das Konzept des Strukturindex und die zur Berechnung herangezogenen Methoden auf Lücken zu prüfen, weist die in den Kapiteln 4 und 5 dieser Arbeit entwickelte Strukturanalyse der DAE (3.5) stets[19] den schwachen Strukturindex 1 zu, der exakt mit dem tatsächlichen Differentiationsindex übereinstimmt.

---

19 Die Berechnungen wurden mit dem in Kapitel 5 entwickelten Algorithmus 5.2.22 für $k = 1,...,1000$ durchgeführt.

KAPITEL 4

Der schwache Strukturindex

Wie im vorigen Abschnitt ausgeführt wurde, stellt der bislang betrachtete Strukturindex in aller Allgemeinheit *keine* untere Schranke für den Differentiationsindex einer DAE dar. An dessen Stelle tritt nun das Konzept des *schwachen Strukturindex*, der direkt als untere Schranke für den Differentiationsindex konstruiert wird. Da der neue Indexbegriff im Vergleich zum klassischen Strukturindex formal etwas abgeschwächt wird, um die gewünschten Eigenschaften zu besitzen, wird die Nomenklatur „*schwacher*" Strukturindex (engl. **w**eak structural index, ω) gewählt. Darüber hinaus wird damit angedeutet, dass es sich bei diesem Konzept um eine Größe handelt, die stets für eine ganze Äquivalenzklasse von Problemen definiert ist.

4.1 Definition und fundamentale Eigenschaft

Zur konzeptionellen Einführung des schwachen Strukturindex beschränken wir uns in diesem Kapitel auf den Fall einer einzigen skalaren Nebenbedingung, d.h. in der stets zu Grunde liegenden semi-expliziten DAE (2.3) gelte $n_y = 1$ und somit $n = n_x + 1$. Die Strukturmatrizen pat $x f \in \{0,1\}^{n \times n}$ und pat $g \in \{0,1\}^n$ seien gemäß (2.10) gegeben.

Da wir im Folgenden oftmals einzelne Komponenten von solchen Vektoren oder Matrizen betrachten werden, die selbst schon aus einer Bezeichnung von mehr als einem Ausdruck bestehen, soll zur Klärung der Eindeutigkeit des Gemeinten eine weitere Notation eingeführt werden.

Notation 4.1.1 (Extraktion von Komponenten)

Seien $v \in \mathbb{R}^m$ ein Vektor und $M = (\mu_{i,j}) \in \mathbb{R}^{m_1 \times m_2}$ eine Matrix. Für $i \in \{1,...,m\}$, $\mathcal{I}_1 \subseteq \{1,...,m_1\}$ und $\mathcal{I}_2 \subseteq \{1,...,m_2\}$ definieren wir die Größen

$$[v]_i := v_i$$
$$[M]_{\mathcal{I}_1, \mathcal{I}_2} := (\mu_{i,j}) \qquad i \in \mathcal{I}_1, j \in \mathcal{I}_2$$

als i^{te} Komponente von v bzw. die durch die Indexmengen $\mathcal{I}_1$ und $\mathcal{I}_2$ gegebene Teilmatrix von M.

Zusätzlich soll zur weiteren Vereinfachung der Notation eine Hilfsbezeichnung eingeführt werden.

Definition 4.1.2 (Abhängigkeitsmenge)
Für eine (hinreichend glatte) Funktion $\phi : \mathbb{R}^m \to \mathbb{R}$ und $\mathbf{x} = (x_1,...,x_m)$ bezeichne

$$\mathcal{I}(\phi) := \left\{i \in \{1,...,m\} \mid \frac{\partial}{\partial x_i}\phi \not\equiv 0\right\} = \left\{i \in \{1,...,m\} \mid [\text{pat } \phi]_i \neq 0\right\}$$

die Indexmenge derjenigen Komponenten, von denen ϕ formal abhängt. Diese Menge bezeichnen wir als (strukturelle) Abhängigkeitsmenge von ϕ.

Ausgestattet mit diesen Werkzeugen können wir nun den schwachen Strukturindex für den skalaren Fall definieren.

Definition 4.1.3 (Schwacher Strukturindex)
Zu einer DAE (f,g) sei $c \geq 0$ die kleinste natürliche Zahl, für die

$$[(\text{patx } f)^c \cdot \text{pat } g]_n > 0$$

erfüllt ist. Dann ist der schwache Strukturindex von $\widetilde{(f,g)}$ definiert durch

$$\omega := c + 1.$$

Für den schwachen Strukturindex kann nun die Eigenschaft als untere Schranke für den Differentiationsindex nachgewiesen werden.

Satz 4.1.4 (Fundamentale Eigenschaft von ω)
Bezeichne ν den Differentiationsindex der DAE (f,g). Der schwache Strukturindex ω von $\widetilde{(f,g)}$ erfüllt

$$\omega \leq \nu.$$

Beweis Mit $n = n_x + 1$ setzen wir $x_n := y$ und erhalten so den erweiterten Zustandsvektor $\hat{\mathbf{x}} = (x_1,...,x_{n_x},x_n)$ mit allen differentiellen und der algebraischen Variablen.
Sei weiter r die kleinste natürliche Zahl mit[20]

$$n \in \mathcal{I}(g^{(r)}), \tag{4.1}$$

d.h. frühestens nach r-maligem totalen Differenzieren der Nebenbedingung nach der Zeit kann die algebraische Variable x_n auftauchen. Somit sind zur Berechnung von x_n ebenfalls mindestens r Differentiationen nötig, womit sofort

$$r + 1 \leq \nu$$

folgt. Aus der Minimalitätseigenschaft von r erhalten wir zudem

$$n \notin \mathcal{I}(g^{(k)}) \qquad \text{für alle } 0 \leq k \leq r-1, \tag{4.2}$$

---

[20] Wie in der Literatur üblich, verwenden wir für $r \in \mathbb{N}_0$ die Abkürzung $\frac{d^r}{dt^r}g := g^{(r)}$ für die r-fache totale Zeitableitung der Funktion g.

4.1 Definition und fundamentale Eigenschaft

woraus wir mittels Induktion die (komponentenweise) Ungleichung

$$\operatorname{pat} g^{(k)} \leq \mathbb{1}\left(\sum_{i=0}^{k} (\operatorname{patx} f)^i \cdot \operatorname{pat} g\right) \qquad (4.3)$$

für $k \in \{0,...,r\}$ zeigen, wobei wir den technischen Beweis dieser Ungleichung jedoch kurz zurückstellen.
Nach Voraussetzung haben wir nun

$$\left[\operatorname{pat} g^{(r)}\right]_n = 1$$

und (4.3) liefert

$$1 \leq \left[\mathbb{1}\left(\sum_{i=0}^{r} (\operatorname{patx} f)^i \cdot \operatorname{pat} g\right)\right]_n.$$

Aus der Minimalitätsforderung in Definition 4.1.3 und der Nicht-Negativität aller Größen erhalten wir demnach

$$\omega - 1 \leq r \leq \nu - 1$$

und die Aussage des Satzes ist bewiesen.

Wir führen nun die fehlende Induktion über k.

Induktionsanfang: $k = 0$

Der Summation auf der rechten Seite der Ungleichung (4.3) schrumpft auf den Ausdruck

$$\mathbb{1}\left(\operatorname{pat} y\right) = \operatorname{pat} y$$

für $i = 0$ zusammen und mit $\operatorname{pat} g^{(0)} = \operatorname{pat} g$ ist die Aussage gezeigt.

Induktionsschritt: $k \to k+1$ für $k \leq r-1$

Mit der Kettenregel gilt

$$g^{(k+1)} = \frac{d}{dt} g^{(k)} = \sum_{i \in \mathcal{I}(g^{(k)})} \frac{\partial}{\partial x_i} g^{(k)} \cdot f_i \,,$$

wobei der Summationsterm wegen (4.2) wohldefiniert ist. Damit folgt

$$\begin{aligned}
\mathcal{I}(g^{(k+1)}) &= \mathcal{I}\left(\frac{d}{dt} g^{(k)}\right) \\
&\subseteq \bigcup_{\substack{i \in \mathcal{I}(g^{(k)}) \\ \frac{\partial}{\partial x_i} g^{(k)} \neq 0}} \mathcal{I}(f_i) \ \cup \ \bigcup_{\substack{i \in \mathcal{I}(g^{(k)}) \\ f_i \neq 0}} \mathcal{I}(\frac{\partial}{\partial x_i} g^{(k)}) \\
&\subseteq \bigcup_{i \in \mathcal{I}(g^{(k)})} \mathcal{I}(f_i) \ \cup \ \bigcup_{i \in \mathcal{I}(g^{(k)})} \mathcal{I}(\frac{\partial}{\partial x_i} g^{(k)})
\end{aligned} \qquad (4.4)$$

mit

$$\bigcup_{i\in\mathcal{I}(g^{(k)})}\mathcal{I}(f_i) = \left\{i\in\{1,...,n\}\,\Big|\,\exists j\in\mathcal{I}(g^{(k)})\,:\,[\text{patx}\,f]_{i,j} > 0\right\}$$
$$= \left\{i\in\{1,...,n\}\,\Big|\,\left[\text{patx}\,f\cdot\text{pat}\,g^{(k)}\right]_i > 0\right\}$$

und

$$\bigcup_{i\in\mathcal{I}(g^{(k)})}\mathcal{I}(\frac{\partial}{\partial x_i}g^{(k)}) \subseteq \mathcal{I}(g^{(k)}) \tag{4.5}$$
$$= \left\{i\in\{1,...,n\}\,\Big|\,\left[\text{pat}\,g^{(k)}\right]_i > 0\right\}.$$

Wegen der Nicht-Negativität aller verwendeten Größen erhalten wir insgesamt

$$\mathcal{I}(g^{(k+1)}) \subseteq \left\{i\in\{1,...,n\}\,\Big|\,\left[\text{patx}\,f\cdot\text{pat}\,g^{(k)}\right]_i > 0\right\} \cup \left\{i\in\{1,...,n\}\,\Big|\,\left[\text{pat}\,g^{(k)}\right]_i > 0\right\}$$
$$= \left\{i\in\{1,...,n\}\,\Big|\,\left[\text{patx}\,f\cdot\text{pat}\,g^{(k)} + \text{pat}\,g^{(k)}\right]_i > 0\right\}$$

und damit mit $\text{pat}\,g^{(k+1)} \leq 1$ die komponentenweise Ungleichung

$$\text{pat}\,g^{(k+1)} \leq \mathbb{1}\left(\text{patx}\,f\cdot\text{pat}\,g^{(k)} + \text{pat}\,g^{(k)}\right).$$

Einsetzen der Induktionsannahme führt zu

$$\text{pat}\,g^{(k+1)} \leq \mathbb{1}\left(\text{patx}\,f\cdot\mathbb{1}\left(\sum_{i=0}^{k}(\text{patx}\,f)^i\cdot\text{pat}\,g\right) + \mathbb{1}\left(\sum_{i=0}^{k}(\text{patx}\,f)^i\cdot\text{pat}\,g\right)\right)$$
$$= \mathbb{1}\left(\text{patx}\,f\cdot\sum_{i=0}^{k}(\text{patx}\,f)^i\cdot\text{pat}\,g + \sum_{i=0}^{k}(\text{patx}\,f)^i\cdot\text{pat}\,g\right)$$
$$= \mathbb{1}\left(\text{pat}\,g + 2\sum_{i=1}^{k}(\text{patx}\,f)^i\cdot\text{pat}\,g + (\text{patx}\,f)^{k+1}\cdot\text{pat}\,g\right)$$
$$= \mathbb{1}\left(\sum_{i=0}^{k+1}(\text{patx}\,f)^i\cdot\text{pat}\,g\right),$$

wobei wir konsequent den binären Charakter aller vorkommenden Matrizen ausgenutzt haben. Dieser erlaubt es nämlich, die Anwendung der Einsfunktion beliebig zu verändern, solange der resultierende Term selbst wieder Argument der Einsfunktion ist. □

Das Multiplizieren von $\text{pat}\,g$ mit $\text{patx}\,f$ entspricht somit einer *strukturellen Differentiation* und gibt die maximale Besetzungsstruktur, d.h. die Abhängigkeitsmenge von $g^{(1)}$ wieder. Sukzessives Differenzieren wird demnach durch entsprechendes Potenzieren von $\text{patx}\,f$ repräsentiert, so dass die auf Positivität getestete n^{te} Komponente des Vektors $(\text{patx}\,f)^c\cdot\text{pat}\,g$ gerade angibt, ob die algebraische Variable y nach c-maligem totalen Differenzieren nach der Zeit strukturell[21] in $g^{(c)}$ auftaucht. Sobald das Auftauchen der Variable strukturell möglich ist, kann die Gleichung $g^{(c)} = 0$ fast immer[22] nach y

---

[21] Das Adjektiv „*strukturell*" soll stets auf die in Abschnitt 2.2.2 angesprochene Äquivalenzklassen-Logik hinweisen.
[22] Hier greift das Dichtheits-Argument nach Korollar 2.2.12.

aufgelöst und die DAE vermöge einer einzigen weiteren Differentiation formal in eine ODE überführt werden. Aus diesem Grund wird die Zahl c in Definition 4.1.3 um 1 erhöht. Mit diesen Überlegungen kann Satz 4.1.4 sehr anschaulich interpretiert werden, immerhin muss eine Variable, die aus einer Gleichung berechnet werden soll, zunächst einmal in dieser Gleichung auftauchen[23]. Die Existenz singulärer Punkte, an denen dieses Auflösen nicht möglich ist und der Differentiationsindex mithin einen größeren Wert annimmt, stellt letztlich die Ursache für den lediglich abschätzenden Charakter des schwachen Strukturindex dar.

4.2 Existenzaussagen

Im Allgemeinen ist die Existenz eines endlichen Differentiationsindex a priori nicht gesichert und muss somit für jede DAE teilweise sehr aufwändig geprüft werden, wobei entsprechende Computerprogramme wie *ALGO* oder *PALG* zur Strukturanalyse [Ung95] in der praktischen Anwendung nur wenig verbreitet sind. Das explizite Berechnen des Index einer DAE durch tatsächliches Differenzieren der Gleichungen ist dabei – wie in Abschnitt 2.1 dargelegt – gerade bei großen und komplizierten Systemen nur bis zu einem gewissen Grad möglich. Aus diesem Grund ist es von Vorteil, noch vor der eventuell sehr aufwändigen Berechnung eines Index Aussagen über dessen Existenz treffen zu können. Wir werden dabei die Sprechweisen *„Ein Index existiert."* und *„Ein Index ist endlich."* synonym verwenden und zur Vereinfachung der Notation die Bezugsgröße – (f,g) oder $\widetilde{(f,g)}$ – nur dann explizit angeben, wenn konzeptionelle Missverständnisse zu befürchten sind.

Zunächst können wir aus Satz 4.1.4 ein erstes Zwischenergebnis zu unseren Existenzuntersuchungen ableiten.

Korollar 4.2.1
Die Existenz des schwachen Strukturindex ist notwendig für die Existenz des Differentiationsindex.

Beweis Diese Aussage folgt unmittelbar aus Satz 4.1.4: Existiert $\nu < \infty$, so muss wegen $\omega \leq \nu < \infty$ der schwache Strukturindex ebenfalls existieren. □

Wegen der formalen Greifbarkeit des schwachen Strukturindex kann für diesen jedoch nicht nur ein notwendiges, sondern auch ein *hinreichendes* Existenzkriterium angegeben werden.

Lemma 4.2.2
Ein notwendiges und hinreichendes Kriterium für die Existenz des schwachen Strukturindex ist

$$[\exp(\operatorname{patx} f) \cdot \operatorname{pat} g]_n > 0.$$

Beweis Wir verwenden die Reihendarstellung der Exponentialfunktion.

---

[23] Dieser Umstand wird durch Gleichung (4.1) modelliert.

„$\Rightarrow$" Die Existenz des schwachen Strukturindex $\omega = c + 1$ bedingt sofort

$$\left[(\operatorname{patx} f)^c \cdot \operatorname{pat} g\right]_n > 0 \quad \Rightarrow \quad \left[\sum_{i=0}^{\infty} \frac{1}{i!} (\operatorname{patx} f)^i \cdot \operatorname{pat} g\right]_n > 0.$$

„$\Leftarrow$" Die Nicht-Negativität aller Größen erlaubt die Implikation

$$\left[\sum_{i=0}^{\infty} \frac{1}{i!} (\operatorname{patx} f)^i \cdot \operatorname{pat} g\right]_n > 0 \quad \Rightarrow \quad \exists\, k \in \mathbb{N}_0 : \left[(\operatorname{patx} f)^k \cdot \operatorname{pat} g\right]_n > 0,$$

woraus die Existenz von $\omega \leq k + 1$ unmittelbar aus Definition 4.1.3 folgt. □

Intuitiv kann also die Multiplikation von pat g mit der Matrixexponentiellen von patx f als unendlichfaches totales Differenzieren der Nebenbedingung nach der Zeit interpretiert werden, das gemäß (4.3) somit die maximal mögliche Menge aller im Differentiationsprozess formal auftauchenden Variablen aufdeckt.

Die konkrete Berechnung der Exponentiellen einer Matrix kann mittels ihrer Jordannormalform auf eine endliche Summe zurückgeführt werden, wobei sich durch die dabei in Erscheinung tretende Nilpotenzmatrix, die für das Abbrechen der Summation verantwortlich ist, bereits eine Querverbindung zum Differentiationsindex andeutet, die in den Abschnitten 4.4.2 und 5.5.1 erneut angesprochen werden wird. Zwar ist die Matrixexponentielle in der Numerik prinzipiell mit Vorsicht zu genießen [Mol78], jedoch sind wir hier alleine am Vorzeichen einer Komponente interessiert, so dass diese Methode dennoch als adäquat bezeichnet werden kann.

Wie bereits bemerkt wurde, kann mittels der Jordannormalform der Matrix patx f die Existenz des schwachen Strukturindex de facto durch das Auswerten einer endlichen Summe geprüft werden. Diese Beobachtung soll nun auf die formale Definition dieses Index übertragen werden, da diese von konstruktiver Natur ist und damit selbst bereits eine Vorschrift zur algorithmischen Berechnung von ω darstellt. Unter Verwendung des *Satzes von Cayley-Hamilton*, einem fundamentalen Ergebnis aus der Matrizentheorie, gelingt es tatsächlich, die Aspekte Existenz und effiziente Berechnung miteinander zu verschmelzen. Letztendlich kann vermöge der Mächtigkeit des Satzes von Cayley-Hamilton die tatsächliche Aussagekraft des schwachen Strukturindex über den Differentiationsindex sehr eng gefasst werden, worauf am Ende dieses Abschnitts eingegangen wird. Zunächst stellen wir uns die nötigen Hilfsmittel bereit.

Nach (2.10) besitzt patx f die spezielle Form

$$\operatorname{patx} f = \begin{pmatrix} F & \mathbf{0} \\ \mathbf{e}^T & 0 \end{pmatrix} \in \{0,1\}^{(n_x+1)\times(n_x+1)} \tag{4.6}$$

mit $F \in \{0,1\}^{n_x \times n_x}$ und $\mathbf{e} \in \{0,1\}^{n_x}$. Sofern nun der Vektor pat $g \in \{0,1\}^{n_x+1}$ gemäß[24]

$$\operatorname{pat} g = \begin{pmatrix} [\operatorname{pat} g]_{1,\ldots,n_x} \\ [\operatorname{pat} g]_{n_x+1} \end{pmatrix} =: \begin{pmatrix} \mathbf{g}_d \\ g_a \end{pmatrix} \tag{4.7}$$

---

[24] Der Index „d" bezeichne den zu *differentiellen*, der Index „a" den zu *algebraischen* Variablen korrespondierenden Teil von pat g.

4.2 Existenzaussagen

geschrieben wird, erhalten wir

Lemma 4.2.3 (Potenzen von patx f)
Für $k \in \mathbb{N}$ gilt

$$(\text{patx } f)^k \text{ pat } g = \begin{pmatrix} F^k \mathbf{g}_d \\ \mathbf{e}^T F^{k-1} \mathbf{g}_d \end{pmatrix}.$$

Beweis Wir führen eine Induktion über k.

Induktionsanfang: $k = 1$
Es gilt

$$\text{patx } f \cdot \text{pat } g = \begin{pmatrix} F & \mathbf{0} \\ \mathbf{e}^T & 0 \end{pmatrix} \begin{pmatrix} \mathbf{g}_d \\ g_a \end{pmatrix} = \begin{pmatrix} F \mathbf{g}_d \\ \mathbf{e}^T \mathbf{g}_d \end{pmatrix}.$$

Induktionsschritt: $k \to k+1$
Mit der Induktionsvoraussetzung erhalten wir

$$(\text{patx } f)^{k+1} \text{ pat } g = \text{patx } f \, (\text{patx } f)^k \text{ pat } g$$
$$= \begin{pmatrix} F & \mathbf{0} \\ \mathbf{e}^T & 0 \end{pmatrix} \begin{pmatrix} F^k \mathbf{g}_d \\ \mathbf{e}^T F^{k-1} \mathbf{g}_d \end{pmatrix} = \begin{pmatrix} F^k \mathbf{g}_d \\ \mathbf{e}^T F^{k-1} \mathbf{g}_d \end{pmatrix},$$

womit die Behauptung gezeigt ist. □

Ferner soll der im Folgenden verwendete Satz angegeben werden.

Satz 4.2.4 (Cayley-Hamilton)
Sei $A \in \mathbb{C}^{n \times n}$ eine quadratische Matrix mit charakteristischem Polynom $p_A(t)$, d.h.

$$p_A(t) = \det(t \cdot I - A) = t^n + a_{n-1} t^{n-1} + \ldots + a_1 t + a_0$$

mit Koeffizienten $a_i \in \mathbb{C}$ für $i = 0, \ldots, n-1$. Dann gilt die Matrixgleichung

$$p_A(A) = 0.$$

Mit diesen Hilfsmitteln können wir den tatsächlichen Wert des schwachen Strukturindex weiter abschätzen.

Satz 4.2.5
Sei wie bisher $n_x \geq 1$ die Anzahl der differentiellen Variablen der DAE. Dann gilt für den schwachen Strukturindex

$$\text{entweder} \quad \omega \leq n_x + 1 \quad \text{oder} \quad \omega = \infty. \tag{4.8}$$

Beweis Wir nehmen $\omega \geq n_x + 2$ an und zeigen, dass daraus

$$\left[(\text{patx } f)^k \text{ pat } g\right]_n = 0 \quad \forall \; k \in \mathbb{N}_0$$

folgt, womit die Behauptung bewiesen ist. Dazu führen wir eine Induktion über k.

Induktionsanfang:

Nach Definition 4.1.3 gilt

$$\left[(\operatorname{patx} f)^k \operatorname{pat} g\right]_n = 0 \quad \forall \ 0 \leq k \leq \omega - 2 \tag{4.9}$$

und die Menge $\{k \in \mathbb{N}_0 \ : \ 0 \leq k \leq \omega - 2\}$ ist wegen $\omega \geq n_x + 2 \geq 2$ nicht leer. Weiter folgt aus (4.9)

$$\left[(\operatorname{patx} f)^k \operatorname{pat} g\right]_n = 0 \quad \forall \ 0 \leq k \leq n_x.$$

Mit Lemma 4.2.3 und den Bezeichnungen aus (4.6) haben wir daher

$$g_a = 0 \quad \text{und} \quad \mathbf{e}^T F^{k-1} \mathbf{g}_d = 0 \quad \forall \ 1 \leq k \leq n_x. \tag{4.10}$$

Anwenden von Satz 4.2.4 (Cayley-Hamilton) auf die Submatrix F von $\operatorname{patx} f$ liefert die Matrix-Identität

$$0 = p_F(F)$$
$$= F^{n_x} + a_{n_x-1} F^{n_x-1} + \ldots + a_1 F + a_0 I$$

mit dem charakteristischen Polynom p_F von F. Diese Gleichung multiplizieren wir mit dem Vektor $\mathbf{g}_d$ und erhalten die Vektor-Identität

$$0 = F^{n_x} \mathbf{g}_d + a_{n_x-1} F^{n_x-1} \mathbf{g}_d + \ldots + a_1 F \mathbf{g}_d + a_0 \mathbf{g}_d. \tag{4.11}$$

Multiplikation mit $\mathbf{e}^T$ von links ergibt die skalare Gleichung

$$0 = \mathbf{e}^T F^{n_x} \mathbf{g}_d + a_{n_x-1} \mathbf{e}^T F^{n_x-1} \mathbf{g}_d + \ldots + a_1 \mathbf{e}^T F \mathbf{g}_d + a_0 \mathbf{e}^T \mathbf{g}_d$$

und damit wegen (4.10)

$$0 = \mathbf{e}^T F^{n_x} \mathbf{g}_d$$
$$= \left[(\operatorname{patx} f)^{n_x+1} \operatorname{pat} g\right]_n.$$

Insgesamt haben wir damit die Behauptung für $0 \leq k \leq n_x + 1$ gezeigt.

Induktionsschritt: $k \to k+1$ für $k > n_x + 1$

Wir multiplizieren (4.11) mit F^{k-n_x} und erhalten

$$0 = F^k \mathbf{g}_d + a_{n-1} F^{k-1} \mathbf{g}_d + \ldots + a_0 F^{k-n_x} \mathbf{g}_d,$$

woraus sich nach Multiplikation mit $\mathbf{e}^T$ die Gleichung

$$0 = \mathbf{e}^T F^k \mathbf{g}_d + a_{n_x-1} \mathbf{e}^T F^{k-1} \mathbf{g}_d + \ldots + a_0 \mathbf{e}^T F^{k-n_x} \mathbf{g}_d$$

ergibt. Nach Induktionsvoraussetzung verschwinden alle bis auf den ersten Summanden und wir haben

$$0 = \mathbf{e}^T F^k \mathbf{g}_d$$
$$= \left[(\operatorname{patx} f)^{k+1} \operatorname{pat} g \right]_n.$$

$\square$

In Verbindung mit Satz 4.1.4 ergibt sich durch Satz 4.2.5 letztlich eine aussagekräftige Beziehung zwischen schwachem Strukturindex und Differentiationsindex.

Korollar 4.2.6
Der schwache Strukturindex ω steht zum Differentiationsindex ν in der Beziehung

$$\nu < \infty \quad \Rightarrow \quad \omega \leq n_x + 1.$$

Beweis: Satz 4.1.4 liefert $\omega \leq \nu < \infty$, woraus mit Satz 4.2.5 unmittelbar die Behauptung folgt. $\square$

Die Aussage des vorigen Korollars soll weiter erläutert werden.
Ausgehend von der Ungleichung

$$0 \leq \omega \leq \nu \leq \infty$$

aus Satz 4.1.4 können wir formal vier Fälle betrachten:

1. $\omega < \infty$

   In diesem Fall ist der schwache Strukturindex sogar durch $n_x + 1$ beschränkt und kann vermöge seiner Definition mit n_x Matrix-Vektor-Multiplikationen berechnet werden. Gerade in diesem Fall ist außer $\omega \leq \nu$ keine weitere Aussage über den Differentiationsindex möglich, der unter Umständen sehr viel größer oder sogar nicht endlich sein kann. Grund dafür sind verschwindende (partielle) Ableitungen im Laufe des Differentiationsprozesses, die durch einen globalen strukturellen Ansatz nicht erfasst werden können.

2. $\omega = \infty$

   Die algebraische Variable taucht auch nach n_x-maligem Differenzieren der Nebenbedingung g formal nicht auf und wird somit niemals auftauchen. Insbesondere existiert damit auch kein endlicher Differentiationsindex. Dieser Fall entspricht also einer hinreichenden Bedingung für die Nicht-Existenz des Differentiationsindex.

3. $\nu = \infty$

   Analog zum zweiten betrachteten Fall enthält hier der schwache Strukturindex, der dennoch endlich sein könnte, nicht die gewünschte Information über den Differentiationsindex.

4. $\nu < \infty$

Ist der Differentiationsindex endlich, so muss der schwache Strukturindex sogar kleiner gleich $n_x + 1$ sein. Dieser Fall entspricht einer notwendigen Bedingung für die Existenz des Differentiationsindex.

4.3 Der Co-Index des schwachen Strukturindex

Unmittelbar aus Lemma 4.2.2 kann abgelesen werden, welche Art von Nebenbedingungen keinen endlichen schwachen Strukturindex – und damit nach Satz 4.1.4 auch keinen endlichen Differentiationsindex – zulässt und in diesem Sinne als *kritisch* gesehen werden kann. Im Folgenden bezeichne e_n den n^{ten} Einheitsvektor in $\mathbb{R}^n$.

Korollar 4.3.1 (Kritische Nebenbedingung)
Für eine Nebenbedingung g mit

$$e_n^T \cdot \exp\left(\text{patx}\, f\right) \cdot \text{pat}\, g = 0$$

existiert kein schwacher Strukturindex.

Beweis Diese Aussage folgt unmittelbar aus Lemma 4.2.2. $\square$

Motiviert durch die bisherigen Ergebnisse kann somit die Menge aller kritischen Nebenbedingungen g zu einem gegebenen Vektorfeld f angegeben werden, für welche die semi-explizite DAE (f,g) keinen endlichen Strukturindex zulässt. Im Folgenden identifizieren wir im Rahmen unserer strukturellen Analyse eine Funktion mit ihrer Strukturmatrix.

Definition 4.3.2 (Menge kritischer Nebenbedingungen)
Sei $n \in \mathbb{N}$ und $f : \mathbb{R}^n \to \mathbb{R}^{n-1}$ ein Vektorfeld. Aufbauend auf der Menge aller bezüglich f kritischen Nebenbedingungen, gegeben durch

$$\mathcal{F}_{krit}(f) := \left\{ g : \mathbb{R}^n \to \mathbb{R} \,\middle|\, e_n^T \cdot \exp\left(\text{patx}\, f\right) \cdot \text{pat}\, g = 0 \right\},$$

definieren wie die Äquivalenzmenge aller bezüglich f kritischen Nebenbedingungen gemäß

$$\mathcal{K}(f) := \widetilde{\mathcal{F}_{krit}(f)},$$

wobei die Äquivalenzrelation nach Definition 2.2.7 zu Grunde liegt.

Zunächst können wir wegen $e_n \notin \mathcal{K}(f)$ a priori lediglich $|\mathcal{K}(f)| \leq 2^{n-1}$ abschätzen, wobei $|\mathcal{K}(f)| > 0$ stets die Existenz einer Nebenbedingung g impliziert, so dass für die resultierende DAE (f,g) kein schwacher Strukturindex existiert. Genauer gibt die Zahl $|\mathcal{K}(f)|$ die Anzahl an strukturell verschiedene Nebenbedingungen wieder, die keinen endlichen schwachen Strukturindex mit sich bringen. Diese Idee, aus der letzten Zeile von $\exp\left(\text{patx}\, f\right)$ bereits die Anzahl strukturell kritischer Nebenbedingungen ablesen zu können, kann erweitert werden zur Fragestellung, mit welcher Wahrscheinlichkeit eine zufällig gewählte Abhängigkeitsstruktur tatsächlich eine kritische Nebenbedingung repräsentiert. Auf

4.3 Der Co-Index des schwachen Strukturindex

diese Art und Weise ist es für jedes Vektorfeld f möglich, ein Maß für die Wohlgestelltheit der Menge $(f, \star)$ aller daraus konstruierbaren semi-expliziten DAEs abzuleiten. Dieses Maß nennen wir den *Co-Index des schwachen Strukturindex*.

Definition 4.3.3 (Co-Index)
Sei $n \in \mathbb{N}$ und $f : \mathbb{R}^n \to \mathbb{R}^{n-1}$ ein Vektorfeld. Der Co-Index ω_c des schwachen Strukturindex bezüglich $\tilde{f}$ ist definiert als die Anzahl der Nulleinträge im Vektor $e_n^T \cdot \exp(\operatorname{patx} f)$.

Der Wunsch, aus diesem Index nun die Wahrscheinlichkeit für die Existenz des schwachen Strukturindex ableiten zu können, wird durch das folgende Ergebnis bestätigt. Ebenso sieht man die Konsistenz zur Forderung, dass eine im vom jeweiligen Kontext abhängigen Sinne schwierige DAE einen großen Index besitzen sollte.

Lemma 4.3.4
Eine (komponentenweise) zufällig gewählte Strukturmatrix $\operatorname{pat} g \in \{0,1\}^n$ stellt mit einer Wahrscheinlichkeit von $2^{\omega_c - n}$ eine strukturell kritische Nebenbedingung zu $\tilde{f}$ dar.

Beweis Zunächst halten wir die Gültigkeit der Ungleichung

$$\omega_c \leq n$$

fest, was direkt aus Definition 4.3.3 abgelesen werden kann. Nun ist die Anzahl N aller Möglichkeiten, $\operatorname{pat} g$ zufällig aus $\{0,1\}^n$ zu wählen, gerade $N = 2^n$. Kritisch sind Nebenbedingungen genau dann, wenn sie in jeder Komponente, die zu einem 1-Eintrag in $e_n^T \cdot \exp(\operatorname{patx} f)$ korrespondiert, eine 0 aufweisen. Somit gibt es genau $|\mathcal{K}(f)| = 2^{\omega_c}$ Möglichkeiten, eine kritische Nebenbedingung zu erhalten. Die gesuchte Wahrscheinlichkeit ergibt sich somit zu

$$\frac{|\mathcal{K}(f)|}{N} = \frac{2^{\omega_c}}{2^n} = 2^{\omega_c - n}. \qquad \square$$

Bemerkung 4.3.5
Im Umgang mit dünnbesetzten Systemen ist die sogenannte l_0-Norm $\|\cdot\|_0$ gebräuchlich, die für einen Vektor $\mathbf{x} \in \mathbb{R}^n$ mit Träger

$$\operatorname{supp}(\mathbf{x}) := \left\{ i \in \{1,...,n\} \,\middle|\, x_i \neq 0 \right\}$$

durch

$$\|\mathbf{x}\|_0 := |\operatorname{supp}(\mathbf{x})|$$

definiert wird und tatsächlich keine Norm ist, vgl. [For11]. Für den Co-Index des schwachen Strukturindex gilt somit

$$\omega_c = n - \|e_n^T \cdot \exp(\operatorname{patx} f)\|_0,$$

mithin ist die Wahrscheinlichkeit aus Lemma 4.3.4, dass eine zufällig gewählte Funktion eine kritische Nebenbedingung darstellt, gerade $2^{-\|e_n^T \cdot \exp(\operatorname{patx} f)\|_0}$.

4.4 Konsistenz zum Differentiationsindex

Bislang besteht die Relation zwischen schwachem Strukturindex ω und Differentiationsindex ν hauptsächlich in einer Abschätzung, deren Güte für endliche Werte von ω jedoch a priori nicht klar ist und für viele konkrete Probleme wohl auch nicht festgestellt werden kann, ohne den Differentiationsindex tatsächlich zu bestimmen. Um den Aussagegehalt des schwachen Strukturindex jedoch konzeptionell zu bestätigen, soll in diesem Kapitel der einfache Spezialfall *linearer* semi-expliziter DAEs untersucht werden, da hier durch die Analyse von *Matrixbüscheln* ein sehr mächtiges Werkzeug zur Bestimmung des Differentiationsindex verfügbar ist [Bre89]. Sodann bestimmen wir den schwachen Strukturindex und würden gleichsam als Minimalforderung an seine Konsistenz erwarten, dass er die analytischen Ergebnisse im Rahmen der Möglichkeiten eines rein strukturellen Ansatzes reproduziert.

4.4.1 Lineare semi-explizite DAEs und Matrixbüschel

Unter einer linearen semi-expliziten DAE verstehen wir eine DAE der Form (2.3), wobei sowohl das Vektorfeld als auch die algebraische Nebenbedingung jeweils in allen Argumenten linear sind. Wir beschränken uns wie bisher auf eine skalare Nebenbedingung, d.h. $n_y = 1$ und $n = n_x + 1$, so dass wir Probleme der Form

$$\begin{aligned} \dot{\mathbf{x}} + A\mathbf{x} + \mathbf{b}\, y &= \mathbf{0}, & \mathbf{x}, \mathbf{b}, \mathbf{c} &\in \mathbb{R}^{n_x},\ A \in \mathbb{R}^{n_x \times n_x} \\ \mathbf{c}^T \mathbf{x} + d\, y &= 0, & y, d &\in \mathbb{R} \end{aligned} \qquad (4.12)$$

betrachten, die äquivalent als

$$\begin{pmatrix} I & \mathbf{0} \\ \mathbf{0}^T & 0 \end{pmatrix} \begin{pmatrix} \dot{\mathbf{x}} \\ \dot{y} \end{pmatrix} + \begin{pmatrix} A & \mathbf{b} \\ \mathbf{c}^T & d \end{pmatrix} \begin{pmatrix} \mathbf{x} \\ y \end{pmatrix} = \mathbf{0} \qquad (4.13)$$

geschrieben werden können. Basierend auf dieser Schreibweise wird nun das *Matrixbüschel* als matrix-wertige Funktion über den komplexen Zahlen definiert.

Definition 4.4.1 (Matrixbüschel)
Zu einer DAE der Form (4.13) *definieren wir das Matrixbüschel* $P : \mathbb{C} \to \mathbb{C}^{n \times n}$ *durch*

$$P(\lambda) := \lambda \cdot \begin{pmatrix} I & \mathbf{0} \\ \mathbf{0}^T & 0 \end{pmatrix} + \begin{pmatrix} A & \mathbf{b} \\ \mathbf{c}^T & d \end{pmatrix}.$$

Das Matrixbüschel $P(\lambda)$ *heißt regulär, wenn* $\det P \not\equiv 0$ *als Funktion von* λ *erfüllt ist. Andernfalls nennen wir* $P(\lambda)$ *singulär.*

Die Aussagekraft dieser Hilfsgröße ergibt sich aus folgendem Satz.

Satz 4.4.2 (Lösbarkeit linearer semi-expliziter DAEs)
Eine DAE der Form (4.13) *ist genau dann lösbar, wenn das zugehörige Matrixbüschel* $P(\lambda)$ *regulär ist.*

Beweis Die Aussage folgt unmittelbar aus Theorem 2.3.1 in [Bre89]. □

Mit diesem theoretischen Werkzeug können wir nun den Differentiationsindex von (4.12) bzw. (4.13)

4.4.2 Analyse der Indizes

Augenscheinlich führt $d \neq 0$ in (4.12) zum Differentiationsindex $\nu = 1$, da in diesem Fall die Nebenbedingung nach y aufgelöst werden kann. Etwas formaler kann dieses Ergebnis auch aus Theorem 2.3.2 in [Bre89] gefolgert werden, wobei dort der Fall $N = 0$ anzuwenden ist. Im Rahmen unserer Analyse ist demnach lediglich der Fall $d = 0$ von Interesse.

Satz 4.4.3
Sei $d = 0$ und $\| \cdot \|$ die Spektralnorm. Ist die DAE (4.12) nicht lösbar, so gilt für alle $\lambda \in \mathbb{R}$ mit $\lambda > \|A\|$ die Gleichung

$$\mathbf{c}^T \sum_{i=0}^{\infty} \frac{1}{\lambda^{i+1}} A^i \mathbf{b} = 0.$$

Beweis Für $\lambda \in \mathbb{C} \setminus \sigma(-A)$ können wir die Determinante des Matrixbüschels

$$P(\lambda) = \begin{pmatrix} \lambda I + A & \mathbf{b} \\ \mathbf{c}^T & 0 \end{pmatrix}$$
$$= \begin{pmatrix} \lambda I + A & 0 \\ \mathbf{c}^T & 1 \end{pmatrix} \begin{pmatrix} I & (\lambda I + A)^{-1} \mathbf{b} \\ 0 & -\mathbf{c}^T (\lambda I + A)^{-1} \mathbf{b} \end{pmatrix}$$

schreiben als

$$\det P(\lambda) = \det \begin{pmatrix} \lambda I + A & 0 \\ \mathbf{c}^T & 1 \end{pmatrix} \cdot \det \begin{pmatrix} I & (\lambda I + A)^{-1} \mathbf{b} \\ 0 & -\mathbf{c}^T (\lambda I + A)^{-1} \mathbf{b} \end{pmatrix}$$
$$= -\det(\lambda I + A) \cdot \left(\mathbf{c}^T (\lambda I + A)^{-1} \mathbf{b} \right). \tag{4.14}$$

Ist die DAE nicht lösbar, so ist das Matrixbüschel nach Satz 4.4.2 singulär, weswegen nach (4.14) die Gleichung

$$\mathbf{c}^T (\lambda I + A)^{-1} \mathbf{b} = 0$$

für alle $\lambda \notin \sigma(-A)$ erfüllt sein muss. Insbesondere folgt für reelles $\lambda < 0$ mit $|\lambda| > \|A\|$ sofort $\lambda \notin \sigma(-A)$ und die Neumann-Reihe

$$(\lambda I + A)^{-1} = \frac{1}{\lambda} \sum_{i=0}^{\infty} \frac{1}{(-\lambda)^i} A^i$$

konvergiert, vgl. [Wer05]. Damit ergibt sich die Äquivalenzkette

$$\mathbf{c}^T (\lambda I + A)^{-1} \mathbf{b} = 0 \quad \Leftrightarrow \quad \mathbf{c}^T \frac{1}{\lambda} \sum_{i=0}^{\infty} \frac{1}{(-\lambda)^i} A^i \mathbf{b} = 0$$
$$\Leftrightarrow \quad \mathbf{c}^T \sum_{i=0}^{\infty} \frac{1}{(-\lambda)^{i+1}} A^i \mathbf{b} = 0.$$

Die Behauptung folgt nun aus der Umbenennung von $-\lambda$ in λ. □

Neben dieser reinen Lösbarkeitsaussage kann zudem der Differentiationsindex exakt angegeben werden.

Lemma 4.4.4
Die DAE (4.12) besitzt den Differentiationsindex $\nu = 1$ genau für $d \neq 0$. Für $d = 0$ ist der Differentiationsindex $\nu \geq 2$ charakterisiert durch

$$\mathbf{c}^T A^{\nu-2} \mathbf{b} \neq 0 \quad und \quad \mathbf{c}^T A^k \mathbf{b} = 0 \quad \forall 0 \leq k < \nu - 2.$$

Beweis Der erste Teil der Aussage zum Fall $\nu = 1$ wurde bereits am Anfang dieses Abschnittes erklärt und ist hier lediglich der Vollständigkeit halber nochmals aufgeführt. Wir nehmen daher $d = 0$ an und zeigen durch Induktion, dass für $N \in \mathbb{N}$ aus

$$\frac{\partial}{\partial y} g^{(k)}(\mathbf{x},y) = 0 \quad \forall 0 \leq k \leq N - 1 \tag{4.15}$$

die Gleichungen

$$\frac{\partial}{\partial y} g^{(N)}(\mathbf{x},y) = (-1)^N \mathbf{c}^T A^{N-1} \mathbf{b}$$
$$\frac{\partial}{\partial \mathbf{x}} g^{(N)}(\mathbf{x},y) = (-1)^N \mathbf{c}^T A^N$$

folgen, womit die Behauptung des Lemmas für $\nu = N + 1$ gezeigt ist.

Induktionsanfang: $N = 1$

Die Funktion $g(\mathbf{x},y) = \mathbf{c}^T \mathbf{x}$ wird differenziert zu

$$\begin{aligned} g^{(1)}(\mathbf{x},y) &= \mathbf{c}^T \dot{\mathbf{x}} \\ &= \mathbf{c}^T (-A\mathbf{x} - \mathbf{b}\,y) \\ &= -\mathbf{c}^T A\mathbf{x} - \mathbf{c}^T \mathbf{b}\,y \end{aligned}$$

und wir erhalten

$$\frac{\partial}{\partial y} g^{(1)}(\mathbf{x},y) = -\mathbf{c}^T \mathbf{b}$$
$$\frac{\partial}{\partial \mathbf{x}} g^{(1)}(\mathbf{x},y) = -\mathbf{c}^T A.$$

Induktionsschritt: $N \to N + 1$

Aus (4.15) folgt

$$\begin{aligned} g^{(N+1)}(\mathbf{x},y) &= \frac{\partial}{\partial \mathbf{x}} g^{(N)}(\mathbf{x},y)\,\dot{\mathbf{x}} + \frac{\partial}{\partial y} g^{(N)}(\mathbf{x},y)\,\dot{y} \\ &= \frac{\partial}{\partial \mathbf{x}} g^{(N)}(\mathbf{x},y)\,\dot{\mathbf{x}} \end{aligned}$$

4.4 Konsistenz zum Differentiationsindex

und weiter mit der Induktionsannahme

$$g^{(N+1)}(\mathbf{x},y) = (-1)^N \mathbf{c}^T A^N (-A\mathbf{x} - \mathbf{b}\,y)$$
$$= (-1)^{N+1} \mathbf{c}^T A^{N+1} \mathbf{x} + (-1)^{N+1} \mathbf{c}^T A^N y,$$

woraus die Induktionsbehauptung abgelesen werden kann. □

Mit diesem Ergebnis können wir analog[25] zu Satz 4.2.5 eine Abschätzung für einen endlichen Differentiationsindex angeben.

Korollar 4.4.5
Hat die DAE (4.13) *einen endlichen Differentiationsindex ν, so gilt*

$$\nu \leq n_x + 1.$$

Beweis Im Fall $d \neq 0$ haben wir $\nu = 1 \leq n_x + 1$. Für den Fall $d = 0$ benutzen wir Satz 4.2.4 (Cayley-Hamilton) und erhalten mit dem charakteristischen Polynom p_A der Matrix $A \in \mathbb{R}^{n_x \times n_x}$

$$0 = p_A(A)$$
$$= A^{n_x} + a_{n_x-1} A^{n_x-1} + \ldots + a_0 I$$

und daraus nach Multiplikation mit $\mathbf{c}^T$ von links und $\mathbf{b}$ von rechts

$$0 = \mathbf{c}^T A^{n_x} \mathbf{b} + a_{n_x-1} \mathbf{c}^T A^{n_x-1} \mathbf{b} + \ldots + a_0 \mathbf{c}^T \mathbf{b}.$$

Ganz analog zum Beweis von Satz 4.2.5 verwenden wir Lemma 4.4.4 und erhalten somit

$$\nu - 2 \leq n_x - 1$$

als Bedingung für einen endlichen Differentiationsindex ν. □

Für lineare Systeme steht mit der *Kronecker-Normalform*, in die jede lineare DAE bei Regularität des zugehörigen Matrixbüschels transformiert werden kann, ein alternativer Zugang zur Bestimmung des Differentiationsindex zur Verfügung, der allgemein anwendbar und nicht auf skalare Nebenbedingungen begrenzt ist. Wir werden diese Sachverhalte in Abschnitt 5.5 vertiefen und schreiten daher in unserer Strukturanalyse voran. Dafür halten wir zunächst eine Zwischenbeobachtung fest.

Korollar 4.4.6
Sei $d = 0$ und $A, \mathbf{b}, \mathbf{c} \geq 0$ komponentenweise. Falls die DAE (4.12) *nicht lösbar ist, so gilt die Gleichung*

$$\mathbf{c}^T \sum_{i=0}^{\infty} \frac{1}{(i+1)!} A^i \mathbf{b} = 0 \qquad (4.16)$$

und es existiert kein endlicher Differentiationsindex.

---

[25] Mit dem Unterschied, dass Satz 4.2.5 auf den schwachen Strukturindex abzielt.

Beweis Für $\lambda > 0$ impliziert die vorausgesetzte Nicht-Negativität die Äquivalenzkette

$$\mathbf{c}^T \sum_{i=0}^{\infty} \frac{1}{\lambda^{i+1}} A^i \mathbf{b} = 0 \quad \Leftrightarrow \quad \mathbf{c}^T A^i \mathbf{b} = 0 \quad , i \in \mathbb{N}_0$$

$$\Leftrightarrow \quad \mathbf{c}^T \sum_{i=0}^{\infty} \frac{1}{(i+1)!} A^i \mathbf{b} = 0.$$

Weiter gilt nach Korollar 4.4.5

$$\mathbf{c}^T A^i \mathbf{b} = 0 \quad , i \in \mathbb{N}_0 \quad \Leftrightarrow \quad \mathbf{c}^T A^i \mathbf{b} = 0 \quad , 0 \leq i \leq n_x - 1. \tag{4.17}$$

Die Behauptung folgt damit aus Satz 4.4.3 und Lemma 4.4.4. $\square$

Dieses Ergebnis soll mit einem Beispiel verdeutlicht werden.

Beispiel 4.4.7
Wir wählen $A = I \in \mathbb{R}^{2 \times 2}$, $\mathbf{b} = (1,0)^T$ und $\mathbf{c} = (0,1)^T$, so dass (4.16) und (4.17) offensichtlich erfüllt sind. Wie man sieht, ist die zugehörige DAE

$$\dot{x}_1 = x_1 + y_1$$
$$\dot{x}_2 = x_2$$
$$0 = x_2$$

tatsächlich unterbestimmt und damit nicht eindeutig lösbar, mithin also nicht wohlgestellt.

Nun schreiben wir die DAE (4.12) in der Form

$$\dot{\mathbf{x}} = f(\mathbf{x}, y) = -A\mathbf{x} - \mathbf{b}\, y$$
$$0 = g(\mathbf{x}, y) = \mathbf{c}^T \mathbf{x} + d\, y$$

und lesen die Strukturmatrizen

$$\text{patx}\, f = \begin{pmatrix} \mathbb{1}(A^T) & \mathbf{0} \\ \mathbb{1}(\mathbf{b}^T) & 0 \end{pmatrix}$$

$$\text{pat}\, g = \begin{pmatrix} \mathbb{1}(\mathbf{c}) \\ \mathbb{1}(d) \end{pmatrix}$$

ab. Analog zu Lemma 4.2.3 zeigt man für $k \in \mathbb{N}$ durch Induktion

$$(\text{patx}\, f)^k = \begin{pmatrix} \mathbb{1}(A^T)^k & \mathbf{0} \\ \mathbb{1}(\mathbf{b}^T) \cdot \mathbb{1}(A^T)^{k-1} & 0 \end{pmatrix}$$
$$(\text{patx}\, f)^k \cdot \text{pat}\, g = \begin{pmatrix} \mathbb{1}(A^T)^k \cdot \mathbb{1}(\mathbf{c}) \\ \mathbb{1}(\mathbf{b}^T) \cdot \mathbb{1}(A^T)^{k-1} \cdot \mathbb{1}(\mathbf{c}) \end{pmatrix}. \tag{4.18}$$

Nach diesen Vorbereitungen können wir die Existenz des schwachen Strukturindex untersuchen.

4.4 Konsistenz zum Differentiationsindex

Lemma 4.4.8
Für $d = 0$ existiert ein endlicher schwacher Strukturindex ω der DAE (4.12) genau dann, wenn

$$\mathbb{1}(\mathbf{c}^T) \cdot \sum_{i=0}^{\infty} \frac{1}{(i+1)!} \mathbb{1}(A)^i \cdot \mathbb{1}(\mathbf{b}) > 0$$

erfüllt ist. Im Falle seiner Existenz ist der schwache Strukturindex $\omega \geq 2$ charakterisiert durch

$$\mathbb{1}(\mathbf{c}^T) \, \mathbb{1}(A)^{\omega-2} \, \mathbb{1}(\mathbf{b}) \neq 0 \quad \text{und} \quad \mathbb{1}(\mathbf{c}^T) \, \mathbb{1}(A)^k \, \mathbb{1}(\mathbf{b}) = 0 \quad \forall\, 0 \leq k < \omega - 2.$$

$d \neq 0$ ist äquivalent zu $\omega = 1$.

Beweis Der Fall $d \neq 0$ ist wegen $[\text{pat } g]_n = \mathbb{1}(d)$ trivial, so dass wir im Folgenden $d = 0$ annehmen. Aus den Vorüberlegungen (4.18) folgern wir die Gleichheit

$$\exp(\text{patx } f) = I + \sum_{i=1}^{\infty} \frac{1}{i!} (\text{patx } f)^i$$

$$= I + \sum_{i=1}^{\infty} \frac{1}{i!} \begin{pmatrix} \mathbb{1}(A^T)^i & 0 \\ \mathbb{1}(\mathbf{b}^T) \cdot \mathbb{1}(A^T)^{i-1} & 0 \end{pmatrix}$$

$$= I + \begin{pmatrix} \sum_{i=1}^{\infty} \frac{1}{i!} \mathbb{1}(A^T)^i & 0 \\ \mathbb{1}(\mathbf{b}^T) \cdot \sum_{i=1}^{\infty} \frac{1}{i!} \mathbb{1}(A^T)^{i-1} & 0 \end{pmatrix}$$

$$= \begin{pmatrix} \exp\left(\mathbb{1}(A^T)\right) & 0 \\ \mathbb{1}(\mathbf{b}^T) \cdot \sum_{i=0}^{\infty} \frac{1}{(i+1)!} \mathbb{1}(A^T)^i & 1 \end{pmatrix}$$

und damit wegen $d = 0$

$$\exp(\text{patx } f) \, \text{pat } g = \begin{pmatrix} \exp\left(\mathbb{1}(A^T)\right) & 0 \\ \mathbb{1}(\mathbf{b}^T) \cdot \sum_{i=0}^{\infty} \frac{1}{(i+1)!} \mathbb{1}(A^T)^i & 1 \end{pmatrix} \begin{pmatrix} \mathbb{1}(\mathbf{c}) \\ \mathbb{1}(d) \end{pmatrix}$$

$$= \begin{pmatrix} \exp\left(\mathbb{1}(A^T)\right) \mathbb{1}(\mathbf{c}) \\ \mathbb{1}(\mathbf{b}^T) \cdot \sum_{i=0}^{\infty} \frac{1}{(i+1)!} \mathbb{1}(A^T)^i \cdot \mathbb{1}(\mathbf{c}) + \mathbb{1}(d) \end{pmatrix}$$

$$= \begin{pmatrix} \exp\left(\mathbb{1}(A^T)\right) \mathbb{1}(\mathbf{c}) \\ \mathbb{1}(\mathbf{b}^T) \cdot \sum_{i=0}^{\infty} \frac{1}{(i+1)!} \mathbb{1}(A^T)^i \cdot \mathbb{1}(\mathbf{c}) \end{pmatrix}.$$

Nach Lemma 4.2.2 existiert der schwache Strukturindex also genau dann, wenn

$$\mathbb{1}(\mathbf{b}^T) \cdot \sum_{i=0}^{\infty} \frac{1}{(i+1)!} \mathbb{1}(A^T)^i \cdot \mathbb{1}(\mathbf{c}) > 0$$

gilt. Transponieren dieser skalaren Gleichung liefert den ersten Teil der Behauptung.
Der zweite Teil der Behauptung kann unter Verwendung von (4.18) direkt aus der Definition des schwachen Strukturindex abgelesen werden. □

Es fällt sofort auf, dass sich Korollar 4.4.6 und Lemma 4.4.8 exakt entsprechen, so dass wir als Ergebnis unserer Analyse das folgende Korollar erhalten.

Korollar 4.4.9
Gilt $A \geq 0$ und $\mathbf{b}, \mathbf{c} \geq \mathbf{0}$ komponentenweise, so sind der Differentiationsindex von (f,g) und der schwache Strukturindex von $\widetilde{(f,g)}$ identisch, d.h.

$$\nu = \omega. \tag{4.19}$$

Beweis Die Aussage folgt aus dem Vergleich von Korollar 4.4.6 und Lemma 4.4.8. □

Während wir also für semi-explizite DAEs im Allgemeinen lediglich die Abschätzung $\nu \geq \omega$ von Satz 4.1.4 zur Verfügung haben und a priori nicht klar ist, ob es in der Äquivalenzklasse eines beliebigen Systems auch einen Vertreter gibt, für den beide Indizes tatsächlich identisch sind, kann diese Frage für den linearen Spezialfall nach vorigem Korollar positiv beantwortet werden. Aus diesem Grund ist die Abschätzung aus Satz 4.1.4 in dieser Allgemeinheit, d.h. ohne weitere Annahmen an die DAE, bestmöglich und der schwache Strukturindex mithin konsistent zum Differentiationsindex.

Während die Einschränkung der strukturellen Analyse auf positive Matrizen und Vektoren im konkreten Einzelfall eines endlichen schwachen Strukturindex zu einer geringen Güte der von Satz 4.1.4 gegebenen Abschätzung führen kann, verdeutlicht das folgende Beispiel den konstruierten Äquivalenzklassen-Charakter von ω.

Beispiel 4.4.10
Sei $A = I \in \mathbb{R}^{2 \times 2}$, $\mathbf{b} = (1,1)^T$, $d = 0$ und $\mathbf{c} = (1, -1 + \varepsilon)^T$, wobei $\varepsilon \ll 1$ eine kleine Störung der Daten darstelle. Für $\varepsilon = 0$ ergibt sich nach Lemma 4.4.4 kein endlicher Differentiationsindex, die zugehörige DAE

$$\dot{x}_1 + x_1 + y = 0$$
$$\dot{x}_2 + x_2 + y = 0$$
$$x_1 - x_2 = 0$$

ist tatsächlich unterbestimmt und damit nicht eindeutig lösbar. Der strukturelle Ansatz liefert mit dem schwachen Strukturindex $\omega = 2$ eine, wenn auch richtige, so dennoch sehr ungenaue Abschätzung von $\nu = \infty$.

Liegt nun eine Störung $\varepsilon \neq 0$ im System vor, so liefert Lemma 4.4.4 wegen

$$\mathbf{c}^T \mathbf{b} = \varepsilon \neq 0$$

den Differentiationsindex $\nu = 2 = \omega$. Man erkennt, dass das betrachtete System gerade einen singulären Fall der Strukturanalyse darstellt und die Menge aller Systeme, bei denen die Ergebnisse aus strukturellem und analytischem Ansatz übereinstimmen, gemäß den Ausführungen in Abschnitt 2.1 dicht liegt in der Menge aller Systeme der gleichen Besetzungsstruktur.

KAPITEL 5

Reduktion des schwachen Strukturindex

Nach der bisherigen Einschränkung auf lediglich eine skalare Nebenbedingung widmen wir uns nun dem Fall semi-expliziter DAEs (2.3) mit mehreren Nebenbedingungen, d.h. $n_y > 1$. Wir betrachten also mit $n = n_x + n_y$ das Problem

$$\dot{\mathbf{x}} = f(\mathbf{x},\mathbf{y}), \qquad f : \mathbb{R}^n \to \mathbb{R}^{n_x},$$
$$0 = g(\mathbf{x},\mathbf{y}), \qquad g : \mathbb{R}^n \to \mathbb{R}^{n_y},$$

mit vektorieller Nebenbedingung. Die Strukturmatrizen pat$x\, f \in \mathbb{R}^{n \times n}$ und pat $g \in \mathbb{R}^{n \times n_y}$ seien gemäß (2.10) bekannt, da sie z.b. mit den in Kapitel 6 vorgestellten Methoden bestimmt wurden. Im Folgenden gehen wir von einer lösbaren[26] DAE mit endlichem Differentiationsindex aus, der mit dem bisher eingeführten bzw. in diesem Kapitel zu erweiternden Strukturformalismus abgeschätzt werden soll. Ausgangspunkt für unsere Betrachtungen ist der *symbolische Algorithmus zur Indexreduktion*, der von [Ung95] zunächst als nicht-lineare Verallgemeinerung des linearen Ansatzes in [Bac90] vorgestellt und zu einem strukturellen Verfahren erweitert wurde. Konzeptionell stellen alle diese Methodiken eine Formalisierung der klassischen Idee von Gear [Gea88] dar, die auch dem hier vorgestellten Verfahren zu Grunde liegt und an die Struktur semi-expliziter DAEs angepasst sowie in den neuen Formalismus des schwachen Strukturindex eingebettet werden wird.

5.1 Modifikation des Verfahrens nach Gear

Das symbolische Verfahren von Unger et al. zur Indexreduktion nach Gear [Ung95] ist ein iteratives Verfahren, bei dem sukzessive alle algebraischen Variablen in differentielle Variablen transformiert werden und die DAE somit formal in eine ODE überführt wird. Zur Beibehaltung einer gegebenen semi-expliziten Problemstruktur während der Iteration ist es jedoch notwendig, keine zusätzlichen differentiellen Variablen zu erzeugen und stattdessen die algebraischen Variablen im Sinne einer Transformation auf Minimalkoordinaten (engl. *state space form*) formal zu *eliminieren*. Wir werden das Verfahren nach Gear daher entsprechend unserer Problemstruktur modifizieren.

Wir gehen von einer semi-expliziten DAE der Form (2.3) mit dem Vektor von algebraischen Variablen

---

26 Mit dem Begriff *lösbar* ist im Folgenden stets *eindeutig lösbar* gemeint.

$\mathbf{y} = (y_1,...,y_{n_y})^T$ und der Nebenbedingung

$$\mathbf{0} = g(\mathbf{x},\mathbf{y}) = \begin{pmatrix} g_1(\mathbf{x},\mathbf{y}) \\ \vdots \\ g_{n_y}(\mathbf{x},\mathbf{y}) \end{pmatrix}$$

aus. Sei $i \in \mathbb{N}$ der globale Iterationszähler des Verfahrens, so dass $i = 1$ das ursprüngliche Problem repräsentiert.

Zu Beginn des i^{ten} Iterationsschrittes bezeichne $\mathcal{I}_a^i \subseteq \{1,...,n_y\}$ die Menge der Indizes von noch nicht eliminierten algebraischen Variablen, die wir als *aktive* Variablen bezeichnen. Die Mächtigkeit dieser Indexmenge sei $n_a^i = |\mathcal{I}_a^i|$, der Vektor der zugehörigen Variablen $\mathbf{y}_a^i = (y_j)_{j \in \mathcal{I}_a^i}$.

Ebenso sei $\mathcal{G}_a^i \subseteq \{1,...,n_y\}$ die Menge der Indizes derjenigen Nebenbedingungen, die noch nicht zur Berechnung algebraischer Variabler herangezogen wurden und somit noch im System bestehen, d.h. noch nicht genutzte Information in sich tragen. Da die Anzahl der berechneten Unbekannten stets identisch mit der Anzahl der dazu verwendeten Gleichungen ist, gilt $|\mathcal{G}_a^i| = n_a^i$ für alle Iterationsschritte i.

Während der Iteration werden sukzessive alle aktiven Variablen eliminiert und es gilt $\mathcal{I}_a^{i+1} \subset \mathcal{I}_a^i$ sowie $n_a^{i+1} < n_a^i$. Der Abbruch des Verfahrens nach N Schritten ist mithin durch

$$n_a^{N+1} = 0 \quad \text{und} \quad n_a^i > 0 \quad \text{für alle } i \leq N$$

charakterisiert. Da zu Beginn des Verfahrens nach Voraussetzung mindestens eine aktive Variable im System vorhanden ist, gilt stets $N \geq 1$. Das Eliminieren von aktiven Variablen aus dem System entspricht deren Transformation von unabhängigen zu abhängigen Variablen, so dass auch die rechte Seite des differentiellen Teils sowie die Nebenbedingungen formal einer iterativen Veränderung unterliegen und demzufolge mit einem hochgestellten Iterationsindex i notiert werden.

Zu Beginn des i^{ten} Iterationsschrittes liegt damit formal die Situation

$$\dot{\mathbf{x}} = f^i(\mathbf{x},\mathbf{y}_a^i), \qquad f^i : \mathbb{R}^{n_x+n_a^i} \to \mathbb{R}^{n_x},$$
$$0 = g_j^i(\mathbf{x},\mathbf{y}_a^i), \qquad g_j^i : \mathbb{R}^{n_x+n_a^i} \to \mathbb{R}, \quad j \in \mathcal{G}_a^i,$$

vor, wobei wir an dieser Stelle zum leichteren Verständnis auch Schattenabhängigkeiten[27] notieren. Gleichwohl wird es im weiteren Verlauf des Verfahrens natürlich von fundamentaler Bedeutung sein, die bestehenden funktionalen Abhängigkeiten der Funktionen möglichst exakt zu bestimmen.

Nach dem klassischen Ansatz [Gea88] gibt es nun prinzipiell zwei Möglichkeiten, mit den aktiven Variablen zu verfahren. Zum einen kann $\mathbf{y}_a^i$ formal durch $\dot{\mathbf{y}}_a^i$ ersetzt werden, womit der Differentiationsindex des Systems[28] um 1 verringert wird. Wir verfolgen diese Idee aus zwei Gründen nicht weiter:

---

[27] Da wir an der Elimination algebraischer Variablen interessiert sind, werden die differentiellen Variablen an dieser Stelle keiner feineren Analyse unterzogen. Ebenso werden für alle Nebenbedingungen die gleichen Abhängigkeiten notiert, wobei es in einzelnen Gleichungen zum Auftreten von Schattenabhängigkeiten kommen kann.
[28] Die resultierende DAE wird auch als *minimum index equivalent* bezeichnet [Gea88].

5.1 Modifikation des Verfahrens nach Gear

1. Der reduzierte Index wird de facto durch Ableiten der aktiven Variablen erkauft, so dass die Summe aller nötigen Differentiationen letztlich doch gleich bleibt.

2. Durch das Einführen von differentiellen Variablen als Argument von f^i wird die semi-explizite Struktur des Systems zerstört, auf der unsere Strukturanalyse beruht.

Zum anderen können die Nebenbedingungen total nach der Zeit differenziert werden, wobei die Anzahl der Differentiationen am Wunsch ausgerichtet werden muss, bezüglich differentieller Variabler implizite Systeme strikt zu vermeiden. Während beim klassischen Vorgehen nämlich auf die Berechnung von $\dot{\mathbf{y}}$ aus einem System von Ableitungen der Nebenbedingungen abgezielt wird, sind wir an der Berechnung von $\mathbf{y}_a^i$ selbst interessiert, da differentielle Terme vormals algebraischer Variabler in der Regel zum Aufbrechen der semi-expliziten Struktur des Problems führen. Wir betrachten daher das System

$$0 = \frac{d^{r_j^i}}{dt^{r_j^i}} g_j^i(\mathbf{x}, \mathbf{y}_a^i), \qquad j \in \mathcal{G}_a^i, \tag{5.1}$$

wobei die Zahl $r_j^i \in \mathbb{N}_0$ jeweils durch

$$\frac{\partial}{\partial \mathbf{y}_a^i}\left(\frac{d^{r_j^i}}{dt^{r_j^i}} g_j^i\right) \neq 0 \quad \text{und} \quad \frac{\partial}{\partial \mathbf{y}_a^i}\left(\frac{d^k}{dt^k} g_j^i\right) = 0 \quad \text{für alle } k = 0,\dots,r_j^i - 1 \tag{5.2}$$

bestimmt ist. Durch die komponentenweise Betrachtung ist dabei die Möglichkeit gegeben, in jeder einzelnen Gleichung tatsächlich das Auftauchen mindestens einer aktiven Variablen durch entsprechend häufiges Differenzieren zu erzwingen, was bei gleich häufigem Ableiten aller Komponenten nicht eintreten muss. Diesem Umstand wurde bereits bei der Festlegung des Differentiationsindex in Definition 2.1.1 Rechnung getragen.

Können nun im i^{ten} Iterationsschritt alle n_a^i aktiven Variablen aus System (5.1) berechnet werden, so terminiert das Verfahren nach $N = i$ Schritten und liefert formal ein System der Form

$$\begin{aligned}
\dot{\mathbf{x}} &= f^i(\mathbf{x},\mathbf{y}_a^i), & f^i &: \mathbb{R}^{n_x + n_a^i} \to \mathbb{R}^{n_x}, \\
\mathbf{y}_a^i &= \hat{g}^i(\mathbf{x}), & \hat{g}^i &: \mathbb{R}^{n_x} \to \mathbb{R}^{n_a^i},
\end{aligned}$$

wobei die Funktion $\hat{g}^i$ typischerweise nicht explizit bekannt ist. Da durch genau eine weitere Differentiation die ODE

$$\begin{aligned}
\dot{\mathbf{x}} &= f^i(\mathbf{x},\mathbf{y}_a^i) \\
\dot{\mathbf{y}}_a^i &= \hat{g}_{\mathbf{x}}^i(\mathbf{x}) \cdot f^i(\mathbf{x},\mathbf{y}_a^i)
\end{aligned}$$

erzeugt werden kann, ist der Differentiationsindex des ursprünglichen Systems somit genau um 1 größer als die maximale Anzahl an Differentiationen, denen eine Nebenbedingung der ursprünglichen DAE im Verlauf des gesamten Verfahrens unterworfen war. Wir wollen diese Zusammenhänge formalisieren.

Definition 5.1.1 (Ergebnis der Indexreduktion)
Sei $j \in \{1,\dots,n_y\}$ und N die Anzahl an Iterationen der Indexreduktion. Für $i \in \{1,\dots,N\}$ bezeichne

$r_j^i \geq 0$ die Zahl an Differentiationen der j^{ten} Nebenbedingung von (2.3) im i^{ten} Iterationsschritt gemäß (5.1) und (5.2). Falls die j^{te} Nebenbedingung in Schritt $N_j < N$ eliminiert wird, so setzen wir $r_j^k = 0$ für $k = N_j + 1,\ldots,N$.
Die so für jede Nebenbedingung gegebene Folge an nicht-negativen Zahlen werde mit

$$r_j = \left(r_j^i\right)_{i=1,\ldots,N}$$

bezeichnet.

Die abstrakte Definition des Differentiationsindex kann nun in eine formale Quantifizierung übersetzt werden.

Lemma 5.1.2 (Differentiationsindex einer DAE)
Der Differentiationsindex ν der DAE (2.3) ist gegeben durch

$$\nu = 1 + \max\left\{\sum_{i=1}^{N} r_j^i \,\Big|\, j \in \{1,\ldots,n_y\}\right\}. \tag{5.3}$$

Beweis Die Aussage folgt mit den Bezeichnungen aus Definition 5.1.1 aus der Definition des Differentiationsindex. □

Ist es im i^{ten} Iterationsschritt lediglich möglich, $n_\delta^i < n_a^i$ Komponenten von $\mathbf{y}_a^i$ aus (5.1) zu berechnen[29], so ist ein weiterer Iterationsschritt nötig. Sei $\mathcal{I}_\delta^i \subseteq \mathcal{I}_a^i$ die Indexmenge der aus (5.1) berechenbaren Variablen und $\mathcal{G}_\delta^i \subseteq \mathcal{G}_a^i$ die Indices der dazu herangezogenen Gleichungen, d.h. $|\mathcal{G}_\delta^i| = n_\delta^i$. Somit haben wir $\mathcal{I}_a^{i+1} = \mathcal{I}_a^i \setminus \mathcal{I}_\delta^i$ und die Variablen $(y_j)_{j \in \mathcal{I}_\delta^i} =: \mathbf{y}_\delta^i$ können als Funktion der differentiellen und der verbliebenen aktiven Variablen $\mathbf{y}_a^{i+1}$ ausgedrückt werden, d.h.

$$\mathbf{y}_\delta^i = \mathbf{y}_\delta^i(\mathbf{x}, \mathbf{y}_a^{i+1}). \tag{5.4}$$

Der Übergang zum nächsten Iterationsschritt liegt nun in der tatsächlichen Elimination der soeben berechneten Variablen aus der rechten Seite f^i und den restlichen durch die Indexmenge $\mathcal{G}_a^{i+1} = \mathcal{G}_a^i \setminus \mathcal{G}_\delta^i$ gegebenen Nebenbedingungen gemäß

$$f^{i+1}(\mathbf{x}, \mathbf{y}_a^{i+1}) := f^i(\mathbf{x}, \mathbf{y}_a^{i+1}, \mathbf{y}_\delta^i(\mathbf{x}, \mathbf{y}_a^{i+1}))$$

$$g_j^{i+1}(\mathbf{x}, \mathbf{y}_a^{i+1}) := \frac{d^{r_j^i}}{dt^{r_j^i}} g_j^i(\mathbf{x}, \mathbf{y}_a^{i+1}, \mathbf{y}_\delta^i(\mathbf{x}, \mathbf{y}_a^{i+1})), \qquad j \in \mathcal{G}_a^{i+1}.$$

Zu Beginn des $(i+1)^{ten}$ Iterationsschrittes liegt also die Situation

$$\dot{\mathbf{x}} = f^{i+1}(\mathbf{x}, \mathbf{y}_a^{i+1}), \qquad f^{i+1}: \mathbb{R}^{n_x + n_a^{i+1}} \to \mathbb{R}^{n_x},$$
$$\mathbf{0} = g^{i+1}(\mathbf{x}, \mathbf{y}_a^{i+1}), \qquad g^{i+1}: \mathbb{R}^{n_x + n_a^{i+1}} \to \mathbb{R}^{n_a^{i+1}},$$

mit $n_a^{i+1} = n_a^i - n_\delta^i$, $\mathcal{I}_a^{i+1} = \mathcal{I}_a^i \setminus \mathcal{I}_\delta^i$ und $\mathcal{G}_a^{i+1} = \mathcal{G}_a^i \setminus \mathcal{G}_\delta^i$ vor.

Jeder einzelne Iterationsschritt ist damit aus 3 Phasen aufgebaut:

---

[29] Es gilt $n_\delta^i \geq 1$, da nach Konstruktion mindestens eine aktive Variable in (5.1) auftaucht.

1. **Differenzieren**
   Jede der im aktuellen Schritt verbliebenen Nebenbedingungen wird so oft differenziert, bis eine aktive Variable auftaucht.

2. **Auflösen**
   Aus dem Gleichungssystem von Schritt 1 werden möglichst viele aktive Variablen berechnet, die damit funktional von den differentiellen sowie allen nicht berechneten aktiven Variablen abhängen können. Diese funktionalen Abhängigkeiten sind entscheidend für den weiteren Iterationsverlauf und müssen daher genau bestimmt werden.

3. **Eliminieren**
   Die aus Schritt 2 berechneten aktiven Variablen werden in die aktuelle rechte Seite des differentiellen Teils der DAE sowie in die nicht zur Berechnung des Schrittes 2 herangezogenen Nebenbedingungen eingesetzt und somit formal aus dem System eliminiert. Ihre in Schritt 2 festgestellten funktionalen Abhängigkeiten übertragen sich damit auf die neue Iterierten der rechten Seite sowie auf die verbliebenen Nebenbedingungen.

5.2 Strukturanalytische Einbettung

Wir werden dieses Verfahren nun in einen strukturellen Algorithmus zur Berechnung des schwachen Strukturindex überführen und dabei jede einzelne der drei Phasen separat anpassen. Anschließend erfolgt vermöge Abschnitt 2.3 eine Visualisierung der einzelnen Schritte am Abhängigkeitsgraphen der DAE.

Notation 5.2.1
Da wir im Folgenden genau einen einzigen Iterationsschritt des soeben beschriebenen Verfahrens betrachten werden, unterdrücken wir zur Vereinfachung der Notation den Iterationszähler i. Der Index i kann somit als unbelegt angesehen werden. Ansonsten wird die bisher eingeführte Notation beibehalten.

5.2.1 Erste Phase: Differenzieren

Im ersten Teil des Verfahrens werden alle Nebenbedingungen wie einzelne skalare Gleichungen behandelt, für die damit alle Ergebnisse aus Kapitel 4 zur Verfügung stehen. Insbesondere ist damit mit dem (skalaren) schwachen Strukturindex unmittelbar eine Aussage darüber möglich, wie oft eine Gleichung differenziert werden muss, bis aktive Variablen auftauchen. Wir wollen daher unseren Formalismus auf nahe liegende Art und Weise zur parallelen Behandlung mehrerer skalarer Gleichungen erweitern.

Definition 5.2.2 (Komponentenweiser schwacher Strukturindex)
Für $j \in \mathcal{I}_a$ sei $c_j \in \mathbb{N}_0$ die kleinste Zahl, für die

$$[(\operatorname{patx} f)^{c_j} \cdot \operatorname{pat} g_j]_{n_x+i} > 0 \tag{5.5}$$

für mindestens ein $i \in \mathcal{I}_a$ erfüllt ist. Dann heißt $\omega_j := c_j + 1$ der schwache Strukturindex der j^{ten} Nebenbedingung.

Damit haben wir den bisherigen Ansatz des schwachen Strukturindex gemäß Definition 4.1.3 auf die Existenz mehrerer aktiver Variabler erweitert, deren Vorkommen nun nicht mehr nur durch die letzte Komponente, sondern genau durch die zu $\mathcal{I}_a$ korrespondierenden Komponenten wiedergegeben wird. Somit muss mindestens c_j-fach differenziert werden, bis g_j eine aktive Variable preisgibt.

Lemma 5.2.3 (Existenz des komponentenweise schwachen Strukturindex)
Ein notwendiges und hinreichendes Kriterium für die Existenz des schwachen Strukturindex der j^{ten} Nebenbedingung ist

$$\sum_{i \in \mathcal{I}_a} \left[\exp\left(\operatorname{patx} f\right) \cdot \operatorname{pat} g_j\right]_{n_x+i} > 0.$$

Beweis Diese zu Lemma 4.2.2 analoge Aussage folgt zusammen mit der Nicht-Negativität aller Größen unmittelbar aus Definition 5.2.2. □

Im Falle eines nicht endlichen c_j trägt die von g_j gegebene Nebenbedingung also nicht zur Bestimmung aktiver Variablen bei, so dass die betrachtete DAE insgesamt unterbestimmt und somit nicht wohlgestellt nach Hadamard[30] ist, es mangelt mindestens an der Eindeutigkeit der Lösung. Dass endliche c_j dabei nicht beliebig groß werden können, zeigt ein zu Satz 4.2.5 analoges Ergebnis.

Korollar 5.2.4
Mit den bisherigen Bezeichnungen gilt

$$c_j < \infty \quad \Rightarrow \quad c_j \leq n_x.$$

Beweis Analog zu (4.6) besitzt die erweiterte Strukturmatrix von f die Form

$$\operatorname{patx} f = \begin{pmatrix} F & 0 \\ E & 0 \end{pmatrix} \in \{0,1\}^{(n_x+n_y) \times (n_x+n_y)}$$

mit $F \in \{0,1\}^{n_x \times n_x}$ und $E \in \{0,1\}^{n_y \times n_x}$. Der Beweis des Korollars ist mithin lediglich eine technische Abwandlung des Beweises von Satz 4.2.5, da dort statt des Vektors e die Matrix E verwendet und damit vektor-wertige Gleichungen zur Anwendung des Satzes von Cayley-Hamilton betrachtet werden müssen. □

Damit ist für diese Phase ein von der Zahl der Nebenbedingungen unabhängiges Abbruchkriterium gegeben. Mit der vorausgesetzten Lösbarkeit der DAE ergibt sich somit ein endlicher schwacher Strukturindex für alle Nebenbedingungen, d.h. $c_j \leq n_x$ für alle $j \in \mathcal{I}_a$.
Im weiteren Verlauf des Verfahrens müssen wir genau wissen, welche aktiven Variablen strukturell auftauchen, da diese durch das Differenzieren in den nächsten Iterationsschritten wiederum in den algebraischen Teil eingebracht und dort zur Berechnung aktiver Variabler herangezogen werden. Aus diesem Grund führen wir die komponentenweise Information aus Definition 5.2.2 durch zwei

---

[30] Vgl. Abschnitt 2.1.

Hilfsmatrizen in kompakter Form zusammen.

Definition 5.2.5 (Strukturelle Hilfsmatrizen)
Die Matrizen $\hat{\mathcal{M}} \in \mathbb{R}^{n \times n_a}$ und $\mathcal{M} \in \mathbb{R}^{n_a \times n_a}$ sind für $1 \leq j \leq n_a$ spaltenweise definiert durch

$$\hat{\mathcal{M}}_{j^{te}\text{Spalte}} := 1\!\!1 \left(\sum_{i=0}^{c_j} (\text{patx } f)^i \cdot \text{pat } g_j \right)$$

$$\mathcal{M}_{j^{te}\text{Spalte}} := \left(\hat{\mathcal{M}}_{n_x+k,j} \right)^T_{k \in \mathcal{I}_a}.$$

Jede Spalte von $\hat{\mathcal{M}}$ repräsentiert also die strukturelle Information[31] einer Nebenbedingung, wenn diese so oft (strukturell) differenziert wurde, bis mindestens eine aktive Variable auftaucht. Die Matrix $\mathcal{M}$ ist gerade die Extraktion der zu aktiven Variablen gehörigen Komponenten, so dass sich das Auftauchen einer aktiven Variablen in der c_j-fach differenzierten j^{ten} Nebenbedingung leicht prüfen lässt.

Korollar 5.2.6
Für $1 \leq j \leq n_a$ ist c_j die kleinste nicht-negative ganze Zahl, für die

$$\sum_{i=1}^{n_a} \mathcal{M}_{n_x+i,j} > 0$$

erfüllt ist.

Beweis Die Behauptung folgt aus den Definitionen 5.2.2 und 5.2.5. □

Formal ist die erste Phase der Indexreduktion somit abgeschlossen, da aus allen Nebenbedingungen algebraische Variablen herausgeschält wurden. Insgesamt liegt am Ende von Phase 1 das System

$$\begin{aligned}
\dot{\mathbf{x}} &= f(\mathbf{x}, \mathbf{y_a}) \\
0 &= g_1^{(c_1)}(\mathbf{x}, \mathbf{y}_a) \\
&\vdots \\
0 &= g_{n_a}^{(c_{n_a})}(\mathbf{x}, \mathbf{y}_a)
\end{aligned} \qquad (5.6)$$

vor, dessen algebraischer Teil in Phase 2 nun bezüglich der Auflösbarkeit nach aktiven Variablen untersucht wird.

5.2.2 Zweite Phase: Berechnung aktiver Variabler

Bezeichne

$$\mathcal{G} := \left\{ g_j^{(c_j)} = 0 \mid j \in \mathcal{G}_a \right\}$$

---

[31] Man beachte, dass in den Spalten von $\hat{\mathcal{M}}$ auch die differentiellen Variablen enthalten sind, die bei der Bestimmung der c_j nach Definition 5.2.2 nicht berücksichtigt wurden.

die Menge der algebraischen Nebenbedingungen[32] am Beginn von Phase 2. Nach dem Satz über implizite Funktionen stellt der Rang der Jacobimatrix $D\mathcal{G} \in \mathbb{R}^{n_a \times n_a}$, die für $1 \leq i,j \leq n_a$ gemäß

$$(D\mathcal{G})_{i,j} := \frac{\partial}{\partial [\mathbf{y_a}]_j} g_i^{(c_i)}(\mathbf{x},\mathbf{y}_a) \tag{5.7}$$

definiert ist, ein hinreichendes Kriterium zur Auflösbarkeit dieses quadratischen Gleichungssystems nach aktiven Variablen dar. Die Konstruktionen aus Phase 1 erlauben nun die folgende strukturelle Abschätzung.

Satz 5.2.7 (Abschätzung des Ranges der Jacobimatrix)
Es gilt die Abschätzung

$$\operatorname{rank} D\mathcal{G} \leq \operatorname{srank} \mathcal{M}.$$

Beweis Aus den bisherigen Ergebnissen und Konstruktionen, insbesondere aus der zentralen Erkenntnis von Satz 4.1.4 samt Beweis, können wir zunächst die komponentenweise Ungleichung

$$\operatorname{pat} D\mathcal{G} \leq \mathcal{M}^T \tag{5.8}$$

folgern. Zusätzliche von Null verschiedene Einträge können den strukturellen Rang einer Matrix nur vergrößern [Duf86], so dass wir

$$\operatorname{srank} \operatorname{pat} D\mathcal{G} \leq \operatorname{srank} \mathcal{M}$$

erhalten. Aus Definition 2.2.11 haben wir wegen $D\mathcal{G} \sim \operatorname{pat} D\mathcal{G}$ zudem

$$\operatorname{rank} D\mathcal{G} \leq \operatorname{srank} \operatorname{pat} D\mathcal{G},$$

womit die Behauptung gezeigt ist. □

Die Hilfsmatrix $\mathcal{M}$ kann demnach als strukturelle Approximation[33] an die Jacobimatrix (5.7) angesehen und zur Analyse der Auflösbarkeit des Gleichungssystems $\mathcal{G}$ herangezogen werden. Hierzu verwenden wir die graphentheoretischen Methoden aus Abschnitt 2.3.

Satz 5.2.8 (Auflösung von $\mathcal{G}$)
Sei G der durch

$$\operatorname{adjc}_{\mathcal{I}_a}^{\mathcal{G}} G = \mathcal{M}$$

induzierte bipartite Graph. Dann gilt:

1. Der von

$$\operatorname{adjc}_{\mathcal{I}_a}^{\mathcal{G}} H = (\operatorname{pat} D\mathcal{G})^T$$

---

[32] Man beachte: Im Gegensatz zur Indexmenge $\mathcal{G}_a$ aus der ersten Phase enthält die Menge $\mathcal{G}$ die entsprechend differenzierten Gleichungen.
[33] Liegen keinerlei Schattenabhängigkeiten vor, so gilt $\mathcal{M} = \mathbb{1}(D\mathcal{G})$.

5.2 Strukturanalytische Einbettung

induzierte Graph H ist ein Teilgraph von G.

2. *Die maximale Anzahl aller gleichzeitig aus $\mathcal{G}$ berechenbaren aktiven Variablen ist gerade die Matchingzahl $m(G) = \operatorname{srank}\mathcal{M}$.*

3. *Jedes größte Matching $S = \left\{(y_i, g_j) \,\middle|\, i \in \mathcal{I}_S,\ j \in \mathcal{G}_S\right\}$ repräsentiert eine Auflösungsstrategie, bei der die von $\mathcal{I}_S \subseteq \mathcal{I}_a$ gegebenen Variablen aus den von $\mathcal{G}_S \subseteq \mathcal{G}_a$ indizierten Gleichungen berechnet werden können.*

Beweis Der erste Teil der Behauptung ist eine direkte Folge von Gleichung (5.8) und bringt nochmals die strukturelle Approximationseigenschaft der Matrix $\mathcal{M}$ in Bezug auf das Gleichungssystem $\mathcal{G}$ zum Ausdruck.

Da die maximale Anzahl simultan aus einem Gleichungssystem berechenbarer Unbekannter gerade durch den Rang der zugehörigen Jacobimatrix gegeben ist, folgt Teil zwei der Behauptung nach Definition 2.2.11 aus den Sätzen 5.2.7 und 2.3.9.

Der letzte Teil der Aussage ist ebenfalls eine Konsequenz aus Satz 2.3.9, da der zu S korrespondierende Teilgraph $G_S \subseteq G$, der von

$$\operatorname{adjc}_{\mathcal{I}_S}^{\mathcal{G}_S} G_S = [\mathcal{M}]_{\mathcal{I}_S, \mathcal{G}_S}$$

induziert wird, ein perfektes Matching und damit vollen strukturellen Rang besitzt. □

Die Frage, welche aktiven Variablen aus $\mathcal{G}$ nun tatsächlich berechnet werden können und welche Gleichungen dazu herangezogen werden müssen, wird also durch die größten Matchings des zugehörigen Graphen beantwortet. Für die Existenz eines größten Matchings ist dabei die Existenz eines endlichen Differentiationsindex der DAE ausreichend, die wir ohnehin stets voraussetzen. In diesem Fall nämlich tauchen nach einer hinreichenden Anzahl an strukturellen Differentiationen in jeder Nebenbedingung tatsächlich aktive Variablen auf, siehe Korollar 5.2.4, und der so entstehende Graph besitzt damit pro Nebenbedingung mindestens eine Kante zu den Knoten der aktiven Variablen. Da bereits eine einzige dieser Kanten de facto ein Matching darstellt, existiert auch ein größtes Matching.

Während die reine Existenz eines größten Matchings also gesichert ist, muss die Frage der Eindeutigkeit und deren Auswirkungen auf den Verlauf der Indexreduktion weiter untersucht werden. Um jedoch das Verfahren in einem Zug konzeptionell zu Ende diskutieren zu können, gehen wir im Folgenden von einem eindeutig bestimmten größten Matching S – kurz als *Strategie* bezeichnet – aus und analysieren die Mehrdeutigkeit – insbesondere deren Auswirkungen auf das hier vorgestellte Verfahren – in Abschnitt 5.2.4.

Am Ende der ersten Phase eines Iterationsschrittes finden sich alle strukturell in $\mathcal{G}$ auftauchenden Variablen in der Hilfsmatrix $\hat{\mathcal{M}}$ wieder, wobei die ersten n_x Zeilen zu differentiellen und die darauffolgenden Zeilen zu algebraischen Variablen korrespondieren. Die Spalten der Matrix repräsentieren jeweils eine strukturell differenzierte Nebenbedingung. Nach der vom größten Matching S gegebenen Strategie werden nun in der zweiten Phase die aktiven Variablen $\left\{y_i \,\middle|\, i \in \mathcal{I}_S\right\}$ aus der Teilmenge $\mathcal{G}_S \subseteq \mathcal{G}$ von Gleichungen berechnet und ergeben sich dadurch als Funktionen von differentiellen und verbliebenen aktiven Variablen. Um diese Abhängigkeiten genau zu bestimmen, müssen wir zunächst die Abhängigkeitsmengen einzelner Gleichungen in $\mathcal{G}$ nach Definition 4.1.2 untersuchen.

Lemma 5.2.9 (Abhängigkeitsmenge differenzierter Nebenbedingungen)
Für $j \in \mathcal{I}_a$ gilt

$$\mathcal{I}(g_j^{(c_j)}) \subseteq \left\{ i \in \{1,...,n\} \,\middle|\, \hat{\mathcal{M}}_{i,j} > 0 \right\} =: \hat{\mathcal{I}}_j. \tag{5.9}$$

Beweis Diese Aussage folgt direkt aus Gleichung (5.8). □

Während also die linke Seite von Ungleichung (5.9) die Abhängigkeitsmenge der analytisch differenzierten Nebenbedingung beschreibt, stellt die rechte Seite die korrespondierende Approximation dar, die sich aus strukturellen Differentiationen ergibt und Fundament unserer weiteren Überlegungen ist. Da die gemäß Strategie S zu eliminierenden aktiven Variablen aus $\mathcal{G}_S$ explizit als Funktion anderer Variabler berechnet werden, kann ihnen formal eine Abhängigkeitsmenge zugeordnet werden.

Lemma 5.2.10 (Abhängigkeitsmengen zu eliminierender aktiver Variabler)
Sei $i \in \mathcal{I}_S$ und y_i die zugehörige aktive Variable. Wird y_i aus den durch $\mathcal{G}_S$ gegebenen Gleichungen explizit berechnet, so gilt für die Abhängigkeitsmenge $\mathcal{I}(y_i)$

$$\begin{aligned}\mathcal{I}(y_i) &\subseteq \left(\bigcup_{j \in \mathcal{G}_S} \hat{\mathcal{I}}_j \right) \setminus \mathcal{I}_S \\ &= \left\{ k \in \{1,...,n\} \,\middle|\, \hat{\mathcal{M}}_{k,j} > 0 \text{ für mindestens ein } j \in \mathcal{G}_S \right\} \setminus \mathcal{I}_S \\ &=: \hat{\mathcal{I}}(S).\end{aligned} \tag{5.10}$$

Beweis Nach der Definition, die in Lemma 5.2.9 für die strukturelle Approximation der Abhängigkeitsmenge einer differenzierten Nebenbedingung enthalten ist, ist die Umformung von der ersten zur zweiten Zeile von (5.10) trivial. Weiter werden die durch $\mathcal{I}_S$ beschriebenen aktiven Variablen explizit berechnet, so dass $\mathcal{I}_S$ selbst nicht Teilmenge der Abhängigkeitsmenge ist. Die Behauptung folgt nun aus der Tatsache, dass die Lösung eines (im Allgemeinen nicht-linearen) Gleichungssystems wiederum von sämtlichen Argumenten jeder einzelnen Gleichung des Systems abhängen kann. □

Für die neue Funktion $y_i(\cdot)$ kann damit auch die Strukturmatrix angegeben werden.

Korollar 5.2.11 (Strukturmatrix zu eliminierender aktiver Variabler)
Für alle $i \in \mathcal{I}_S$ ist die Strukturmatrix $\operatorname{pat} y_i = \operatorname{pat} y \in \{0,1\}^n$ der aus $\mathcal{G}_S$ berechneten Funktion y_i gegeben durch

$$[\operatorname{pat} y]_j = \begin{cases} 1 & , \text{falls } j \in \hat{\mathcal{I}}(S) \\ 0 & , \text{sonst.} \end{cases}$$

Nachdem die zu eliminierenden aktiven Variablen samt ihren funktionalen Abhängigkeiten bestimmt sind, kann nun die tatsächliche Elimination vollzogen werden.

5.2.3 Dritte Phase: Elimination

Die in der zweiten Phase bestimmten aktiven Variablen sollen nun aus der DAE eliminiert werden. Für $i \in \mathcal{I}_S$ wird dazu an den Stellen, wo bislang y_i als Argument auftaucht, die aus $\mathcal{G}_S$ berechnete Funktion $y_i(\cdot)$ mit der Abhängigkeitsmenge $\hat{\mathcal{I}}(S)$ eingesetzt, womit y_i als unabhängige Größe aus dem System eliminiert ist. Funktionen, die vormals von der unabhängigen Variablen y_i abhängig waren, sind nun stattdessen formal von den durch $\hat{\mathcal{I}}(S)$ gegebenen Variablen abhängig und können demnach als neue Funktionen angesehen werden. Diese Ersetzung von Funktionsargumenten lässt sich allgemein strukturell nachbilden.

Lemma 5.2.12 (Strukturelle Elimination)
Sei $i \in \mathcal{I}_S$ und $\phi : D \subseteq \mathbb{R}^n \to \mathbb{R}$ eine skalare Funktion mit

$$[\text{pat } \phi]_{n_x+i} = 1,$$

d.h. ϕ hänge von der algebraischen Variablen y_i ab. Weiter bezeichne $\hat{\phi}$ diejenige Funktion, die durch Elimination von y_i aus ϕ hervorgeht, und e_k den k^{ten} Einheitsvektor im $\mathbb{R}^n$. Sodann gilt

$$\text{pat } \hat{\phi} = 1\!\!1\,(\text{pat } \phi + \text{pat } y) - e_{n_x+i}.$$

Beweis Die ursprünglichen Abhängigkeiten, die von pat ϕ wiedergegeben werden, müssen um die Abhängigkeiten der Funktion y_i ergänzt werden. Um einen korrekte Strukturmatrix zu erhalten, erfolgt eine binäre Projektion mittels der Einsfunktion. Um letztlich die eliminierte Variable als Abhängigkeit zu entfernen, wird die entsprechende Komponente durch Subtraktion des geeigneten Einheitsvektors zu Null erzwungen. Mit der Voraussetzung gilt sodann $[\text{pat } \hat{\phi}]_{n_x+i} = 0$. □

Funktionen ϕ, die nicht von y_i abhängen, bleiben samt ihrer Strukturmatrix von der Elimination unberührt, d.h. $\phi = \hat{\phi}$ und pat $\phi = $ pat $\hat{\phi}$. Die zur Strategie S korrespondierende Elimination von aktiven Variablen fassen wir nun als Wirkung eines Operators $\mathcal{E}_S$ auf die Strukturmatrix einer skalaren Funktion auf.

Definition 5.2.13 (Struktureller Eliminationsoperator)
Der Operator

$$\mathcal{E}_S \,:\, \text{pat } \phi \mapsto \text{pat } \hat{\phi},$$

der gemäß Lemma 5.2.12 wirkt, heißt struktureller Eliminationsoperator zur Strategie S.

Die in den Gleichungen aus $\mathcal{G}_S$ strukturell enthaltene Information ist somit vollständig in $\mathcal{E}_S$ enthalten, so dass diese Gleichungen aus dem System gestrichen werden können. Die verbliebenen Nebenbedingungen $g_j^{(c_j)}$, $j \notin \mathcal{G}_S$, sowie der differentielle Teil f der DAE werden sodann der strukturellen Elimination unterworfen, womit die dritte und letzte Phase eines Iterationsschrittes abgeschlossen ist. Befinden wir uns also im i^{ten} Schritt des Verfahrens, so wird der Übergang zum nächsten Iterationsschritt durch

$$\left[\text{patx } f^{i+1}\right]_{j^{\text{te Spalte}}} := \mathcal{E}_S\left(\left[\text{patx } f^i\right]_{j^{\text{te Spalte}}}\right) \tag{5.11a}$$

für $j \in \{1,...,n_x\}$ und

$$\mathcal{M}^{i+1} := \left(\mathcal{E}_S\left(\left[\mathcal{M}^i\right]_{j^{\text{te Spalte}}}\right)\right)_{j \notin \mathcal{G}_S} \in \{0,1\}^{n \times n_a^{i+1}} \tag{5.11b}$$

gegeben.

Da Strukturmatrizen nach Abschnitt 2.3 stets als (eingeschränkte) Adjazenzmatrizen interpretierbar sind, können sämtliche in diesem Kapitel betrachteten Größen sowie die verschiedenen Operationen darauf – wie etwa die Multiplikation von Strukturmatrizen oder die Wirkung des Operators $\mathcal{E}_S$ beim Übergang zum nächsten Iterationsschritt – im Abhängigkeitsgraphen der DAE dargestellt werden. Es steht somit eine sehr anschauliche Möglichkeit zur Verfügung, den gesamten Reduktionsprozess visuell zu repräsentieren, siehe Abschnitt 5.3.

Bevor das soeben beschriebene Verfahren an einem Beispiel vorgeführt wird, spezifizieren wir den tatsächlichen Output des Reduktionsprozesses und diskutieren die Frage nicht eindeutiger größter Matchings, auf die wir in Phase 2 gestoßen sind.

5.2.4 Analyse der Reduktion

Die allgemeine Definition des Differentiationsindex zielt auf die minimale Zahl an Differentiationen ab, denen eine Nebenbedingung der DAE im Verlauf der Indexreduktion nach Gear unterworfen ist. Die dafür angegebene formale Quantifizierung (5.3) aus Abschnitt 5.1 kann nun ganz analog in den strukturellen Formalismus eingebettet und mithin als *schwacher Strukturindex einer DAE* interpretiert werden.

Definition 5.2.14 (Strategieabhängiger schwacher Strukturindex einer DAE)
Sei $N \geq 1$ die Anzahl an Iterationen des obigen Reduktionsverfahrens. Sei $(c_j^i)_{i=1,...,N}$ mit $c_j^i \geq 0$ die Folge an strukturellen Differentiationen, die die Nebenbedingung $g_j = 0$, $j = 1,...,n_y$, während des Reduktionsverfahrens erfährt. Wird die j^{te} Nebenbedingung in Schritt $N_j < N$ eliminiert, so setzen wir $c_j^k = 0$ für $k > N_j$. Sodann bezeichnen wir

$$\omega_s := \max_{j=1,...,n_y}\left\{\sum_{i=1,...,N} c_j^i\right\} + 1 \tag{5.12}$$

als den strategieabhängigen schwachen Strukturindex der DAE.

Diese Definition entspricht genau der Übersetzung analytischer Größen gemäß Definition 2.1.1 und (5.3) in deren strukturelle Pendants. Da die Anzahl an nötigen stukturellen Differentiationen gemäß Korollar 5.2.4 während des gesamten Verfahrens beschränkt ist, kann eine Abschätzung des resultierenden schwachen Strukturindex der DAE angegeben werden.

5.2 Strukturanalytische Einbettung

Lemma 5.2.15
Mit den bisherigen Bezeichnungen gilt

$$\omega_s \leq n_x n_y + 1 \qquad oder \qquad \omega_s = \infty.$$

Beweis Für eine lösbare DAE mit endlichem Differentiationsindex kann nach Konstruktion des Verfahrens in jedem Iterationsschritt mindestens eine aktive Variable eliminiert werden, so dass die maximale Anzahl an Iterationen genau n_y ist. Da in jedem Iterationsschritt die Anzahl an strukturellen Differentiationen für jede Nebenbedingung nach Korollar 5.2.4 durch n_x beschränkt ist, folgt die Behauptung sofort aus (5.12). $\square$

Der gesamte Verlauf des soeben entwickelten Verfahrens – und insbesondere dessen Output ω_s – kann in jedem Iterationsschritt von der konkreten Wahl eines größten Matchings abhängen. Im Allgemeinen nämlich ist ein größtes Matching eines Graphen und damit die Auflösungsstrategie für aktive Variablen gemäß Phase 2 *nicht* eindeutig. Es wird zwar entsprechend der Matchingzahl stets die gleiche Anzahl an aktiven Variablen eliminiert, jedoch können sich sowohl die berechneten Variablen als auch die dazu herangezogenen Gleichungen unterscheiden. Da die Gleichungen typischerweise verschiedene Abhängigkeitsmengen aufweisen, wirkt sich eine andere Wahl der aufzulösenden Gleichungen gemäß Lemma 5.2.10 sofort auf die Abhängigkeiten der daraus berechneten aktiven Variablen und die darauf aufbauende Elimination dieser Variablen in Phase 3 des Verfahrens aus, insbesondere ist davon auch der differentielle Teil der DAE betroffen. Eine andere Abhängigkeitsstruktur in den verbliebenen Nebenbedingungen hat somit wiederum Einfluss auf das strukturelle Differenzieren in Phase 1 des *nächsten* Iterationsschrittes sowie der dabei auftauchenden Variablen und kann damit den gesamten weiteren Verlauf des Verfahrens beeinflussen. Aus diesem Grund kann nicht ausgeschlossen werden, dass die konkrete Wahl des größten Matchings (in jedem Iterationsschritt) letztlich auch das Ergebnis des Reduktionsverfahrens, d.h. den schwachen Strukturindex der DAE nach Definition 5.2.14, beeinflusst. Nun verlangt jedoch die Definition des Differentiationsindex, dass für ihn die *bestmögliche* Folge an Strategien gewählt wird und nur derjenige Wert tatsächlich als Differentiationsindex bezeichnet wird, der die wenigsten Differentiationen der DAE beschreibt. Der Verdeutlichung dieser Problematik diene das folgende Beispiel.

Beispiel 5.2.16
Sei für $n_x = n_y = 3$ die DAE

$$\dot{x}_1 = f_1(x_2)$$
$$\dot{x}_2 = f_2(x_3)$$
$$\dot{x}_3 = f_3(y_1, y_2, y_3)$$
$$0 = g_1(x_1, y_1)$$
$$0 = g_2(x_2, y_1)$$
$$0 = g_3(x_3, y_1)$$

gegeben. In allen Nebenbedingungen taucht bereits eine aktive Variable auf, so dass in Phase 1 *des ersten Iterationsschrittes nichts zu tun ist.* Da y_1 *aus jeder der drei algebraischen Gleichungen berechnet werden kann, ergeben sich in Phase 2 nun insgesamt 3 verschiedene größte Matchings* S_1, S_2 *und* S_3 *mit*

$$S_1 = \{(1,1)\}$$
$$S_2 = \{(1,2)\}$$
$$S_3 = \{(1,3)\}\,.$$

Führt man das oben beschriebene Verfahren nun für jede Strategie separat aus, so stellt man fest, dass in allen drei Fällen die Terminierung des Verfahrens mit dem zweiten Iterationsschritt erfolgt und keine weitere Auswahl eines Matchings mehr nötig ist. Bezeichne $\omega_{s,i}$ *den aus* S_i, $i = 1,2,3$, *resultierenden schwachen Strukturindex der DAE nach Definition 5.2.14, so ergibt sich*

$$\omega_{s,1} = 3$$
$$\omega_{s,2} = 3$$
$$\omega_{s,3} = 2$$

und es gilt $\nu \geq \omega_{s,3} = 2$.

Diesem absoluten Minimalitätsanspruch kann somit nur dann exakt begegnet werden, wenn in jedem Schritt *alle* Matchings für die Berechnung herangezogen werden und Ausgangspunkt einer baum-artigen Verzweigung sind. In diesem Fall nämlich ist garantiert, dass auch diejenige Folgen an Auflösungsstrategien aufgespürt werden, die tatsächlich die minimale Anzahl an Differentiationen mit sich bringen und mithin zu einer unteren Schranke für den Differentiationsindex führen. Jedoch führt der naive Ansatz, in jedem Schritt alle größten Matchings zu bestimmen und das Verfahren für jede Strategie separat zu Ende zu führen, um letztlich die resultierenden Werte zu vergleichen und das Minimum mit dem schwachen Strukturindex zu identifizieren, ob der Vielzahl an möglichen Matchings zu einer unvertretbaren Laufzeit des Verfahrens und entzieht sich daher einer praktischen Umsetzung. Wir verfolgen daher einen anderen Weg, diese Minimalitätsforderung algorithmisch zu berücksichtigen, und basieren unsere Konstruktion auf die folgende Beobachtung.

Lemma 5.2.17
Sei $S = (\mathcal{I}_S, \mathcal{G}_S)$ *ein größtes Matching, wie es in Phase 2 bestimmt wird. Jede Nebenbedingung, die nicht vom Matching überdeckt wird, enthält nur algebraische Variablen aus* $\mathcal{I}_S$.

Beweis Angenommen, es gälte $r \notin \mathcal{I}_S$ und $m \notin \mathcal{G}_S$ derart, dass die Nebenbedingung g_m von y_r abhängt. Sodann wäre $\hat{S} := S \cup \{(r,m)\}$ ein Matching mit $|\hat{S}| = |S| + 1$, was einen Widerspruch zur Voraussetzung an S darstellen würde. $\square$

Da die Existenz eines endlichen Differentiationsindex das Auftauchen von mindestens einer algebraischen Variablen in jeder Nebenbedingung impliziert, die von Phase 2 generiert wird, ist somit jede der nicht im Matching enthaltenen Nebenbedingungen von der Elimination in Phase 3 betroffen. Mit der Elimination werden also alle Abhängigkeiten der im Matching enthaltenen Gleichungen auf

5.2 Strukturanalytische Einbettung

die verbleibenden Nebenbedingungen übertragen. Strukturelle Unterschiede nach Phase 3 – oder gleichbedeutend damit am Beginn von Phase 1 des folgenden Iterationsschrittes – sind demnach in den ursprünglichen Abhängigkeiten von differentiellen Variablen der nicht im Matching enthaltenen Gleichungen begründet. Das folgende Ergebnis zeigt nun, wie problematisch die Unterscheidung in im Matching enthaltene und nicht enthaltene Nebenbedingungen tatsächlich ist und begründet mithin die Mehrdeutigkeit größter Matchings.

Lemma 5.2.18
Sei $S = (\mathcal{I}_S, \mathcal{G}_S)$ ein größtes Matching, wie es in Phase 2 bestimmt wird. Jede Nebenbedingung, die nicht im Matching enthalten ist, kann gegen eine Gleichung aus dem Matching derart getauscht werden, dass man wieder ein größtes Matching zu den gleichen aktiven Variablen erhält.

Beweis Sei die durch $m \notin \mathcal{G}_S$ gegebene Nebenbedingung g_m von y_i abhängig. Nach Lemma 5.2.17 gilt $(i,k) \in S$ für ein $k \in \mathcal{G}_S$. Sodann stellt $(S \setminus \{(i,k)\}) \cup \{(i,m)\}$ ebenfalls ein größtes Matching dar. Die Menge der überdeckten aktiven Variablen ist unverändert $\mathcal{I}_S$. □

Insgesamt können wir die beiden letzten Ergebnisse derart zusammenfassen, dass die Abhängigkeiten von differentiellen Variablen einer jeden Nebenbedingung nach Lemma 5.2.17 auf alle verbleibenden Gleichungen übertragen werden können, indem die entsprechende Nebenbedingung gemäß Lemma 5.2.18 ins Matching aufgenommen wird. Auch wenn nicht alle Nebenbedingungen simultan auf diese Art und Weise ins Matching aufgenommen werden können, so besteht die einzige Möglichkeit, alle möglichen Fälle dennoch zu berücksichtigen, in der Aufnahme *aller* in den Nebenbedingungen auftauchenden differentieller Variablen in die aus dem Eliminationsprozess hervorgehenden Gleichungen. Aus diesem Grund müssen alle differentiellen Variablen, die in $\mathcal{G}$ auftauchen, in die Abhängigkeitsmenge der berechneten aktiven Variablen zusätzlich aufgenommen werden. Statt der Menge $\hat{\mathcal{I}}(S)$ aus Lemma 5.2.10 verwenden wir somit die *erweiterte* (engl. extended) Abhängigkeitsmenge

$$\hat{\mathcal{I}}_{\text{ex}} := \left(\bigcup_{j \in \mathcal{G}} \hat{\mathcal{I}}_j \right) \setminus \mathcal{I}_S \qquad (5.13)$$
$$= \left\{ k \in \{1,\dots,n\} \,\Big|\, \hat{\mathcal{M}}_{k,j} > 0 \text{ für mindestens ein } j \in \mathcal{G} \right\} \setminus \mathcal{I}_S$$

zur strukturellen Approximation von $\mathcal{I}(y_i)$ bei der Elimination in Phase 3, d.h. wir setzen $\mathcal{I}(y_i) = \hat{\mathcal{I}}_{\text{ex}}$ für alle $i \in \mathcal{I}_S$. Insbesondere haben damit nach der Elimination alle verbleibenden Gleichungen die gleiche Besetzungsstruktur.

Korollar 5.2.19
Wird beim Eliminieren berechneter aktiver Variablen die erweiterte Abhängigkeitsmenge $\hat{\mathcal{I}}_{ex}$ gemäß (5.13) verwendet, so besitzen alle nach Elimination verbleibenden Gleichungen die gleiche Strukturmatrix.

Beweis Nach Konstruktion taucht in jeder der verbleibenden Gleichungen mindestens eine algebraische Variable auf, wobei es sich nach Lemma 5.2.17 ausschließlich um vom Matching überdeckte aktive Variablen handelt, die somit in Phase 3 eliminiert werden. Damit besitzt jede verbleibende Nebenbedingung nach Elimination der berechneten aktiven Variablen die gleiche Abhängigkeitsmenge

$\hat{\mathcal{I}}_{\text{ex}}$. □

Mit diesem Ergebnis können wir die Unabhängigkeit des gesamten Verfahrens von der konkreten Wahl des Matchings schlussfolgern.

Lemma 5.2.20 (Unabhängigkeit von der Wahl des Matchings)
Wird beim Eliminieren berechneter aktiver Variablen die erweiterte Abhängigkeitsmenge $\hat{\mathcal{I}}_{ex}$ gemäß (5.13) verwendet, so ist das Ergebnis des Verfahrens unabhängig von der Wahl des größten Matchings.

Beweis Nach den bisherigen Überlegungen bleibt lediglich zu zeigen, dass das Verfahren unabhängig davon ist, welche aktiven Variablen von einem Matching zur Elimination vorgeschlagen werden. Dazu nehmen wir an, dass nicht alle in $\mathcal{G}$ vorkommenden aktiven Variablen vom größten Matching überdeckt werden.

Da nach Elimination der berechneten aktiven Variablen die nicht berechneten aktiven Variablen nach Korollar 5.2.19 in jeder der verbleibenden Nebenbedingungen strukturell auftauchen, muss in Phase 1 des nächsten Iterationsschrittes nicht differenziert werden und es stehen genug Gleichungen zur Berechnung der vormals nicht berechneten Variablen zur Verfügung. Somit sind nach diesem Iterationsschritt auch diejenigen aktiven Variablen aus dem System eliminiert, die zunächst vom Matching nicht überdeckt waren. Da dafür keine zusätzliche Differentiation nötig ist, kommen in diesem Iterationsschritt keine neuen funktionalen Abhängigkeiten von differentiellen Variablen ins Spiel, so dass letztlich alle aktiven Variablen, die überhaupt in $\mathcal{G}$ auftauchen, bei gleicher Anzahl an Differentiationen aus dem System eliminiert werden. □

Durch diesen konstruktiven Beweis haben wir damit insbesondere gezeigt, dass bei Verwendung der erweiterten Abhängigkeitsmenge $\hat{\mathcal{I}}_{\text{ex}}$ *alle* nach Phase 1 in $\mathcal{G}$ auftauchenden aktiven Variablen spätestens im folgenden Iterationsschritt des Verfahrens eliminiert werden und bis dahin keine weitere Differentiation einer Nebenbedingung erfolgt. Da wir jedoch lediglich an der Zahl der Differentiationen interessiert sind, können wir demnach die beiden aufeinanderfolgenden Iterationsschritte in dem Sinne miteinander verschmelzen, dass in Phase 3 nicht nur die von einem größten Matching vorgeschlagenen aktiven Variablen, sondern alle in $\mathcal{G}$ auftauchenden aktiven Variablen eliminiert werden. Wird eine entsprechende Anzahl an Nebenbedingungen aus dem System gestrichen und die verbleibenden Gleichungen jeweils mit der strategieunabhängigen Abhängigkeitsmenge $\hat{\mathcal{I}}_{\text{ex}}$ nach (5.13) ausgestattet, so kann das Verfahren sofort im nächsten Iterationsschritt mit neuen Differentiationen der Nebenbedingungen fortfahren. Die Notwendigkeit, überhaupt ein größtes Matching zu berechnen, entfällt somit vollständig und wir erhalten die folgende Definition.

Definition 5.2.21 (Strategieunabhängiger schwacher Strukturindex)
Das Ergebnis des soeben beschriebenen strategieunabhängigen Verfahrens zur Indexreduktion bezeichnen wir als (strategieunabhängigen) schwachen Strukturindex ω der DAE.

Wir fassen die vorigen Ausführungen zur Berechnung von ω ein einem Algorithmus kompakt zusammen.

Algorithmus 5.2.22 (Berechnung von ω)

Input: patx f sowie pat g
Output: Strategieunabhängiger schwacher Strukturindex ω

1. *Setze* $i := 1$, $\omega^1 := 1$, $n_y^1 := n_y$ *sowie*

   $$\text{patx } f^1 := \text{patx } f \in \{0,1\}^{n \times n}$$
   $$\hat{\mathcal{M}}^1 := \text{pat } g \in \{0,1\}^{n \times n_y}.$$

2. *Bestimme für alle* $j = 1,\ldots,n_y^i$ *die kleinste Zahl* $c_j \leq n_x$ *derart, dass*

   $$\sum_{k=1}^{n_y} \left[\left(\text{patx } f^i\right)^{c_j} \hat{\mathcal{M}}^i_{j^{te} \text{ Spalte}}\right]_{n_x+k} > 0$$

   und setze

   $$\hat{\mathcal{M}}^i_{j^{te} \text{ Spalte}} := 1\left(\sum_{k=1}^{c_j} \left(\text{patx } f^i\right)^k \hat{\mathcal{M}}^i_{j^{te} \text{ Spalte}}\right).$$

3. *Fertig, falls für ein* $j \in \{1,\ldots,n_y^i\}$ *kein solches* c_j *existiert. Setze* $\omega := \infty$.

4. *Setze* $\omega^{i+1} := \omega^i + \max_{j \in \{1,\ldots,n_y^i\}} c_j$.

5. *Setze*

   $$\mathcal{I}_{\textit{diff}} := \left\{k \in \{1,\ldots,n_x\} \,\middle|\, \exists j \in \{1,\ldots,n_y\} : \hat{\mathcal{M}}^i_{k,j} > 0\right\}$$
   $$\mathcal{I}_{\textit{alg}} := \left\{k \in \{n_x+1,\ldots,n_y\} \,\middle|\, \exists j \in \{1,\ldots,n_y\} : \hat{\mathcal{M}}^i_{k,j} > 0\right\}$$

   sowie $n_{\textit{alg}} := |\mathcal{I}_{\textit{alg}}|$.

6. *Fertig, falls* $n_{\textit{alg}} = n_y^i$. *Setze* $\omega := \omega^{i+1}$.

7. *Setze* $n_y^{i+1} := n_y^i - n_{\textit{alg}}$ *und* $\hat{\mathcal{M}}^{i+1} := 0^{n \times n_y^{i+1}}$.

   Für $k \in \mathcal{I}_{\textit{diff}}$ *setze*

   $$\hat{\mathcal{M}}^{i+1}_{k,j} := 1 \quad , j = 1,\ldots,n_y^{i+1}.$$

8. *Setze* patx $f^{i+1} := \text{patx } f^i$.

   Für $j = 1,\ldots,n_x$ *und* $k = 1,\ldots,n$, *setze*

   $$\left[\text{patx } f^{i+1}\right]_{k,j} := \begin{cases} 1 & , \textit{falls } k \in \mathcal{I}_{\textit{diff}} \textit{ und } [\text{patx } f^i]_{l,j} = 1 \textit{ für ein } l \in \mathcal{I}_{\textit{alg}} \\ 0 & , \textit{falls } k \in \mathcal{I}_{\textit{alg}}. \end{cases}$$

9. *Setze* $i := i + 1$ *und gehe zu Schritt 2.*

Nach den Initialisierungen in Schritt 1 stellt Schritt 2 von Algorithmus 5.2.22 das strukturelle Differenzieren der Nebenbedingungen gemäß Phase 1 der Indexreduktion dar. Existiert für ein $j \in \{1,\ldots,n_y^i\}$

kein $c_j \leq n_x$, so kann der Algorithmus nach Korollar 5.2.4 abgebrochen werden, da kein endlicher schwacher Strukturindex ω und damit kein endlicher Differentiationsindex ν existiert (Schritt 3). Da nach Korollar 5.2.19 alle Nebenbedingungen ab Iterationsschritt $i = 2$ die gleiche strukturelle Information und mithin alle in Schritt 2 berechneten c_j den gleichen Wert aufweisen, muss beim Mitzählen der nötigen Differentiationen keine Unterscheidung bezüglich der Nebenbedingungen getroffen werden. Die Bildung des Maximums in Schritt 4 ist daher lediglich im ersten Iterationsschritt relevant[34]. In Schritt 5 werden alle in den Nebenbedingungen vorkommenden differentiellen und algebraischen Variablen detektiert. Tauchen bereits alle noch verbliebenen aktiven Variablen auf, so können diese nach den Überlegungen zu Lemma 5.2.20 ohne weitere Differentiation berechnet werden, so dass der Algorithmus beendet werden kann (Schritt 6). Vor dem Übergang zum nächsten Iterationsschritt $i \to i+1$ in Schritt 9 findet in den Schritten 7 und 8 die Elimination der in den Nebenbedingungen vorkommenden aktiven Variablen statt. Zunächst wird in Schritt 7 eine entsprechende Anzahl an Nebenbedingungen aus dem System gestrichen und die verbliebenen algebraischen Gleichungen mit den strukturellen Abhängigkeiten gemäß der erweiterten Abhängigkeitsmenge (5.13) versehen. Ebenfalls werden diejenigen Gleichungen des differentiellen Teils der DAE um die Abhängigkeiten aus (5.13) erweitert, in denen ursprünglich eine der eliminierten aktiven Variablen vorkommt (Schritt 8).

Mit der fundamentalen Eigenschaft des schwachen Strukturindex für skalare Nebenbedingungen gemäß Satz 4.1.4 erhalten wir somit aus den vorigen Konstruktionen und Überlegungen die Korrektheit der mit Algorithmus 5.2.22 berechneten unteren Schranke.

Satz 5.2.23 (Eigenschaft des schwachen Strukturindex)
Der (strategieunabhängige) schwache Strukturindex ω stellt eine untere Schranke für den Differentiationsindex ν dar, d.h. es gilt

$$\omega \leq \nu.$$

Beweis Das Grundschema des Verfahrens entspricht desjenigen des analytischen Verfahrens nach Gear. In jedem Iterationsschritt wird jede Nebenbedingung nach Satz 4.1.4 genau so oft differenziert, bis eine algebraische Variable frühestens auftauchen kann. Anschließend werden nach Satz 5.2.8 maximal viele algebraischen Variablen aus dem System eliminiert, wobei die genaue Anzahl wegen der Definition des strukturellen Ranges einer Matrix sicher mindestens genauso groß ist wie im analytischen Fall. Die Optimalität des Eliminationsschrittes selbst bzw. der Berechnung der sich daraus ergebenden funktionalen Abhängigkeiten wurde in Lemma 5.2.18 begründet. Damit folgt die Behauptung schließlich aus der Unabhängigkeit des Verfahrens von der konkreten Wahl des Matchings, die in Lemma 5.2.20 gezeigt wurde. □

Analog zu Abschnitt 4.2, insbesondere Korollar 4.2.6, ergibt sich eine Aussage des schwachen Strukturindex bezüglich der Existenz des Differentiationsindex einer DAE.

---

[34] Die strukturelle Gleichheit aller ab Iterationsschritt $i = 2$ im System verbliebenen Nebenbedingungen kann natürlich zur weiteren Vereinfachung des beschriebenen Algorithmus genutzt werden. Darauf wurde an dieser Stelle bewusst verzichtet, um eine der Übersichtlichkeit nicht dienliche Fallunterscheidung in $i = 1$ und $i \geq 2$ zu vermeiden.

Korollar 5.2.24

Für eine DAE gilt

$$\nu < \infty \quad \Rightarrow \quad \omega \leq n_x n_y + 1.$$

Beweis Mit Satz 5.2.23 ist bei Existenz eines endlichen Differentiationsindex wegen $\omega \leq \nu < \infty$ auch der schwache Strukturindex endlich. Die Aussage folgt damit aus Lemma 5.2.15. □

Beispiel 5.2.25
*Wir greifen Beispiel 5.2.16 auf, bei dem der berechnete Wert des schwachen Strukturindex von der Wahl des Matchings abhängig war und somit zu falschen Ergebnissen führen konnte.
Nach (5.13) ergibt sich bei der Berechnung von y_1 im ersten Iterationsschritt die funktionale Abhängigkeit $y_1(x_1,x_2,x_3)$, so dass sich zu Beginn des zweiten Iterationsschrittes die Situation*

$$\dot{x}_1 = f_1(x_2)$$
$$\dot{x}_2 = f_2(x_3)$$
$$\dot{x}_3 = \hat{f}_3(x_1,x_2,x_3,y_2,y_3)$$
$$0 = \hat{g}_2(x_1,x_2,x_3)$$
$$0 = \hat{g}_3(x_1,x_2,x_3)$$

ergibt, sofern Strategie S_1 gewählt wurde. Jede der verbliebenen Nebenbedingungen wird sodann einmal differenziert und man erhält

$$0 = \hat{g}_2^{(1)}(x_1,x_2,x_3,y_2,y_3)$$
$$0 = \hat{g}_3^{(1)}(x_1,x_2,x_3,y_2,y_3).$$

Hieraus können nun y_2 und y_3 berechnet werden und das Verfahren terminiert korrekt mit $\omega = 2$. Insbesondere zeigt man durch einfaches Nachrechnen, dass die konkrete Wahl der Strategie S_1 hierbei keine Rolle spielt.

5.3 Visualisierung im Abhängigkeitsgraphen

Nach den Ausführungen in Abschnitt 2.3 kann jede semi-explizite[35] DAE der Form (2.3) mittels eines Graphen dargestellt werden, der sich aus den funktionalen Abhängigkeiten des Systems ergibt. Die im vorigen Abschnitt beschriebenen Operationen während des Reduktionsverfahrens entsprechen dem Erzeugen oder Streichen von Kanten in diesem Graphen, der somit während der gesamten Iteration sukzessiv verändert wird. Variablen, die in diesem Graphen von keiner Kante berührt werden, tauchen daher in der DAE formal nicht auf und wurden mithin im Verlauf des Verfahrens bereits eliminiert. Die Reduktion des schwachen Strukturindex ist abgeschlossen, wenn alle Knoten zu algebraischen

---

[35] In Abschnitt 5.4 werden wir den gesamten bisher eingeführten Strukturformalismus auf allgemeine DAEs ohne spezielle Struktur erweitern.

Variablen isoliert und durch keine Kante an das restliche System gekoppelt sind.

Das Verfahren soll nun an der (beliebig gewählten) DAE

$$\begin{aligned} \dot{x}_1 &= f_1(x_1, y_1) \\ \dot{x}_2 &= f_2(x_1, y_2) \\ \dot{x}_3 &= f_3(x_2, y_2, y_3) \\ 0 &= g_1(x_1) \\ 0 &= g_2(x_1, x_2, y_1) \\ 0 &= g_3(x_3, y_2, y_3) \end{aligned} \tag{5.14}$$

nachvollzogen werden, die durch die Strukturmatrizen

$$\operatorname{patx} f = \begin{pmatrix} 1 & 1 & 0 & 0 & 0 & 0 \\ 0 & 0 & 1 & 0 & 0 & 0 \\ 0 & 0 & 0 & 0 & 0 & 0 \\ 1 & 0 & 0 & 0 & 0 & 0 \\ 0 & 1 & 1 & 0 & 0 & 0 \\ 0 & 0 & 1 & 0 & 0 & 0 \end{pmatrix} \quad \text{und} \quad \operatorname{pat} g = \begin{pmatrix} 1 & 1 & 0 \\ 0 & 1 & 0 \\ 0 & 0 & 1 \\ 0 & 1 & 0 \\ 0 & 0 & 1 \\ 0 & 0 & 1 \end{pmatrix}$$

gegeben ist und deren Abhängigkeitsgraph in Abbildung 5.1 dargestellt wird.

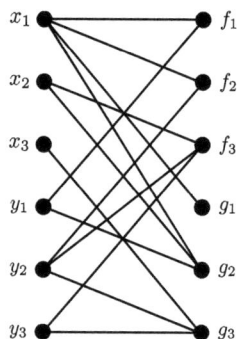

Abbildung 5.1: Abhängigkeitsgraph der DAE (5.14).

Zunächst bestimmen wir den Differentiationsindex der DAE analytisch. In Abwesenheit von Schattenabhängigkeiten kann aus der ersten Nebenbedingung

$$x_1 = \hat{x}_1 = \text{constant}$$

und damit wegen $0 = \dot{x}_1 = f(\hat{x}_1, y_1)$ auch

$$y_1 = \hat{y}_1 = \text{constant}$$

5.3 Visualisierung im Abhängigkeitsgraphen

gefolgert werden. Analog impliziert die zweite Nebenbedingung

$$x_2 = \hat{x}_2 = \text{constant}$$

sowie $0 = \dot{x}_2 = f(\hat{x}_1, y_2)$, d.h.

$$y_2 = \hat{y}_2 = \text{constant.}$$

Letztlich verbleibt das System

$$\dot{x}_3 = f_3(\hat{x}_2, \hat{y}_2, y_3)$$
$$0 = g_3(x_3, \hat{y}_2, y_3),$$

so dass aus der noch verbliebenen algebraischen Gleichung nun $y_3 = y_3(x_3, \hat{y}_2)$ berechnet werden kann. Da jede Nebenbedingung also genau zweimal differenziert werden muss, um $\dot{\mathbf{y}} = \dot{\mathbf{y}}(\mathbf{x})$ zu erhalten, ergibt sich der Differentiationsindex $\nu = 2$.

Nun soll sowohl die strategieabhängige als auch die strategieunabhängige Variante des strukturellen Reduktionsverfahrens aus den vorigen Abschnitten angewendet werden. Aus Gründen der Übersichtlichkeit unterdrücken wir dabei den globalen Iterationszähler i an den einzelnen Größen. Durch entsprechende Überschriften im Text werden stets der aktuelle Schritt und die gerade durchgeführte Phase angegeben.

5.3.1 Strategieabhängige Reduktion

Iterationsschritt $i = 1$, Phase 1

Zum Start des Verfahrens setzen wir

$$\hat{\mathcal{M}} = \text{pat}\, g$$

und können daraus nach Definition 5.2.5 die Hilfsmatrix

$$\mathcal{M} = \begin{pmatrix} 0 & 1 & 0 \\ 0 & 0 & 1 \\ 0 & 0 & 1 \end{pmatrix}$$

ablesen. Die erste Spalte dieser Matrix enthält keinen positiven Eintrag, da die erste Nebenbedingung keine Abhängigkeit von einer algebraischen Variablen aufweist. Demnach muss nach Definition 5.2.2 diese Nebenbedingung hinreichend oft strukturell differenziert werden, was genau durch die Multiplikation der ersten Spalte von $\hat{\mathcal{M}}$ mit der erweiterten Strukturmatrix von f beschrieben wird. Es ergibt sich

$$\operatorname{patx} f \cdot \left[\hat{\mathcal{M}}\right]_{1.\,\text{Spalte}} = \begin{pmatrix} 1 \\ 0 \\ 0 \\ 1 \\ 0 \\ 0 \end{pmatrix},$$

womit strukturell gerade

$$0 = \frac{d}{dt} g_1(x_1) = \left.\frac{\partial}{\partial x} g_1(x)\right|_{x=x_1} \cdot f_1(x_1, y_1) = g_1^{(1)}(x_1, y_1)$$

erfasst wird. In Abbildung 5.2 ist das strukturelle Differenzieren von g_1 im Abhängigkeitsgraphen dargestellt, wobei lediglich die hier relevanten Kanten eingezeichnet sind: In der Ausgangslage, Abbildung 5.2(a), geben die Kanten (x_1, g_1) und (y_1, f_1) die ursprünglichen funktionalen Abhängigkeiten gemäß $\operatorname{patx} f$ und $\operatorname{pat} g$ wieder. Beim Multiplizieren von $\operatorname{pat} g$ mit $\operatorname{patx} f$ wird implizit die Kante (x_1, f_1), d.h. die Identität $\dot{x}_1 = f_1(\cdot)$, verwendet und damit der Pfad (g_1, x_1, f_1, y_1) gebildet, Abbildung 5.2(b). Dieser Pfad wird unmittelbar auf seine beiden Endknoten reduziert, so dass die Kante (y_1, g_1) zum Abhängigkeitsgraphen hinzukommt, Abbildung 5.2(c). An entsprechender Stelle in $\hat{\mathcal{M}}$ ergibt sich ein positiver Eintrag, siehe (5.15), der fortan die funktionale Abhängigkeit der ersten Ableitung von g_1 von der algebraischen Variablen y_1 repräsentiert.

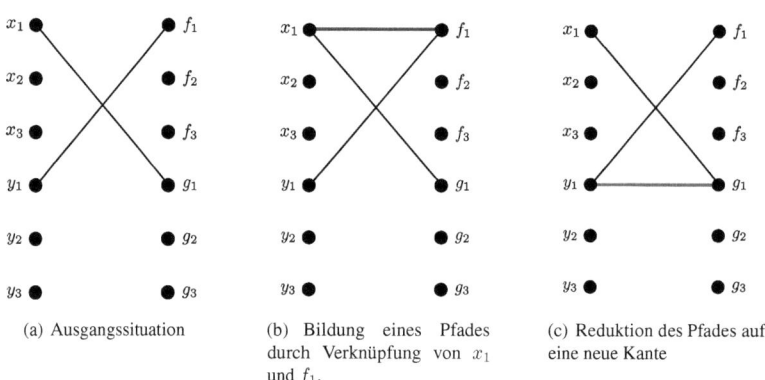

(a) Ausgangssituation (b) Bildung eines Pfades durch Verknüpfung von x_1 und f_1. (c) Reduktion des Pfades auf eine neue Kante

Abbildung 5.2: Stukturelles Differenzieren der ersten Nebenbedingung

Nach den Definitionen 5.2.2, 5.2.5 und 5.2.14 haben wir damit also

$$c_1^1 = 1, \qquad c_2^1 = 0, \qquad c_3^1 = 0$$

5.3 Visualisierung im Abhängigkeitsgraphen

sowie

$$\hat{\mathcal{M}} = \begin{pmatrix} 1 & 1 & 0 \\ 0 & 1 & 0 \\ 0 & 0 & 1 \\ 1 & 1 & 0 \\ 0 & 0 & 1 \\ 0 & 0 & 1 \end{pmatrix}. \tag{5.15}$$

Insgesamt ergibt sich das System

$$\dot{x}_1 = f_1(x_1, y_1)$$
$$\dot{x}_2 = f_2(x_1, y_2)$$
$$\dot{x}_3 = f_3(x_2, y_2, y_3)$$

$$0 = g_1^{(1)}(x_1, y_1)$$
$$0 = g_2(x_1, x_2, y_1)$$
$$0 = g_3(x_3, y_2, y_3),$$

womit Phase 1 beendet ist.

Iterationsschritt $i = 1$, **Phase 2**

Der algebraische Teil der DAE aus Phase 1 wird nun durch die Hilfsmatrix

$$\mathcal{M} = \begin{pmatrix} 1 & 1 & 0 \\ 0 & 0 & 1 \\ 0 & 0 & 1 \end{pmatrix}$$

repräsentiert und stimmt damit strukturell mit Beispiel 2.3.8 aus Abschnitt 2.3 überein. Dort wurden für den zugehörigen Abhängigkeitsgraphen genau 4 größte Matchings gefunden, die jeweils eine Auflösungsstrategie nach 2 ($=$ srank $\mathcal{M}$) der 3 aktiven Variablen darstellen. Tabelle 5.1 gibt diese 4 größten Matchings sowie die zugehörigen Strategien wieder, wobei die Schreibweise $j \to y_k(\cdot)$ die Berechnung von y_k aus der j^{ten} Nebenbedingung bezeichne.

Wir wählen das erste der angegebenen Matchings,

$$S = \{(y_1, g_2), (y_3, g_3)\},$$

und bestimmen gemäß (5.10) die Abhängigkeitsmenge $\hat{\mathcal{I}}(S)$ der berechneten aktiven Variablen aus

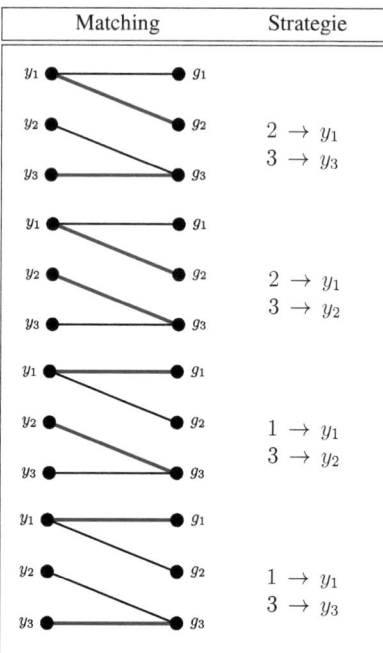

Tabelle 5.1: Mögliche Strategien zur Berechnung von 2 aktiven Variablen.

den rot markierten Einträgen von

$$\hat{\mathcal{M}} = \begin{pmatrix} 1 & 1 & 0 \\ 0 & 1 & 0 \\ 0 & 0 & 1 \\ 1 & 1 & 0 \\ 0 & 0 & 1 \\ 0 & 0 & 1 \end{pmatrix}$$

zu

$$\hat{\mathcal{I}}(S) = \{1, 2, 3, 5\},$$

was der Argumentenliste (x_1, x_2, x_3, y_2) entspricht. Insgesamt lautet die von uns gewählte Strategie also

$$\left. \begin{array}{l} 0 = g_2(x_1, x_2, y_1) \\ 0 = g_3(x_3, y_2, y_3) \end{array} \right\} \Rightarrow \left\{ \begin{array}{l} y_1 = y_1(x_1, x_2, x_3, y_2) \\ y_3 = y_3(x_1, x_2, x_3, y_2). \end{array} \right. \tag{5.16}$$

Wir haben somit mit der Bestimmung einer Auflösungsstrategie nach der maximal möglichen Menge an aktiven Variablen und der Abschätzung der zugehörigen Abhängigkeitsmenge Phase 2 abgeschlossen.

Iterationsschritt $i = 1$, **Phase** 3

Die Elimination der von Strategie (5.16) vorgeschlagenen aktiven Variablen ist analytisch durch die

5.3 Visualisierung im Abhängigkeitsgraphen

Transformation

$$\left.\begin{array}{rcl}\dot{x}_1 &=& f_1(x_1,y_1(x_1,x_2,x_3,y_2)) \\ \dot{x}_2 &=& f_2(x_1,y_2) \\ \dot{x}_3 &=& f_3(x_2,y_2,y_3(x_1,x_2,x_3,y_2)) \\ 0 &=& g_1^{(1)}(x_1,y_1(x_1,x_2,x_3,y_2))\end{array}\right\} \Rightarrow \left\{\begin{array}{rcl}\dot{x}_1 &=& \hat{f}_1(x_1,x_2,x_3,y_2) \\ \dot{x}_2 &=& \hat{f}_2(x_1,y_2) \\ \dot{x}_3 &=& \hat{f}_3(x_1,x_2,x_3,y_2) \\ 0 &=& \hat{g}_1^{(1)}(x_1,x_2,x_3,y_2)\end{array}\right. \quad (5.17)$$

gegeben, wobei die zweite und dritte Nebenbedingung entfallen. Dieser Übergang wird durch die Vorschrift (5.11) strukturell nachgebildet und wir erhalten die Updates

$$\operatorname{patx} f = \begin{pmatrix} 1 & 1 & 1 \\ 1 & 0 & 1 \\ 1 & 0 & 1 \\ 0 & 0 & 0 \\ 1 & 1 & 1 \\ 0 & 0 & 0 \end{pmatrix} \quad \text{und} \quad \hat{\mathcal{M}} = \begin{pmatrix} 1 \\ 1 \\ 1 \\ 0 \\ 1 \\ 0 \end{pmatrix}. \quad (5.18)$$

Die rot markierten Einträge bedingen somit das Streichen und Entstehen von Kanten im Abhängigkeitsgraphen, der in Abbildung 5.3 im Zustand nach der Elimination dargestellt ist.

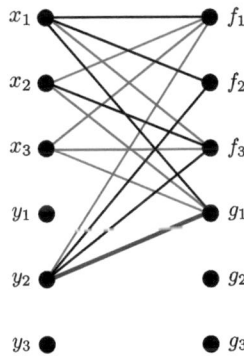

Abbildung 5.3: Abhängigkeitsgraph nach der Elimination gemäß Strategie S.

Die Isolation der Knoten y_1 und y_3 repräsentiert gerade die Elimination der zugehörigen aktiven Variablen, entsprechend sind die Nebenbedingungen g_2 und g_3 nicht mehr Teil des resultierenden Systems. Phase 3 ist abgeschlossen und es beginnt auf DAE (5.17) der nächste Iterationsschritt $i = 2$.

Iterationsschritt $i = 2$, Phase 1

Aus den Strukturmatrizen (5.18) folgt sofort

$$c_1^2 = 0 \quad \text{und} \quad c_2^2 = c_3^2 = 0,$$

da die letzte verbleibende Nebenbedingung bereits die einzige aktive Variable enthält, was durch die blau gefärbte Kante in Abbildung 5.3 angedeutet ist. Somit sind die **Phasen 2 und 3** trivial, mithin terminiert das Verfahren nach $N = 2$ Schritten und erzeugt die Folgen an strukturellen Differentiationen

Nebenbedingung 1 : (1,0)
Nebenbedingung 2 : (0,0)
Nebenbedingung 3 : (0,0).

Der schwache Strukturindex der DAE zur Strategie S ist somit nach Definition 5.2.14

$$\omega_s = 2$$

und stimmt mit dem Differentiationsindex überein. Nachrechnen zeigt, dass das Ergebnis des Reduktionsverfahrens in diesem Beispiel tatsächlich für alle 4 größten Matchings identisch ist.

5.3.2 Strategieunabhängige Variante

Nach Konstruktion stimmt Phase 1 des ersten Iterationsschrittes von Algorithmus 5.2.22 mit der strategieabhängigen Variante überein, so dass wir direkt zu Phase 2 mit der aus (5.15) bereits bekannten Matrix

$$\hat{\mathcal{M}} = \begin{pmatrix} 1 & 1 & 0 \\ 0 & 1 & 0 \\ 0 & 0 & 1 \\ 1 & 1 & 0 \\ 0 & 0 & 1 \\ 0 & 0 & 1 \end{pmatrix}.$$

übergehen können. Aus den rot markierten Einträgen schließen wir

$$\mathcal{I}_{\text{diff}} = \{1, 2, 3\},$$

die blau markierten Einträge führen zu

$$\mathcal{I}_{\text{alg}} = \{4, 5, 6\}.$$

Wegen $n_{\text{alg}} = 3 = n_y$ terminiert der Algorithmus damit bereits in Schritt 6, d.h. in Phase 2 des Verfahrens, und liefert den korrekten Wert $\omega = 2$.

5.4 Behandlung allgemeiner DAEs

Die bisher entwickelte Strukturanalyse auf Basis des schwachen Strukturindex macht essentiellen Gebrauch der semi-expliziten Problemstruktur und scheint demnach auf diese Klasse an DAEs eingeschränkt zu sein. Tatsächlich ist es mit der von Gear [Gea88] vorgeschlagenen Transformation (2.4) aus Abschnitt 2.1 möglich, sämtliche Konzepte und Verfahren auf *allgemeine* DAEs der Form (2.1) zu verallgemeinern und damit von jeglicher Strukturannahme zu befreien. Wie bisher ergänzen wir die analytische Darstellung um eine Visualisierung im Abhängigkeitsgraphen.

Eine allgemeine DAE

$$F(\dot{z}, z) = 0, \qquad z \in \mathbb{R}^m, \tag{5.19}$$

kann mittels Transformation (2.4) stets in die semi-explizite Form

$$\dot{x} = y =: f(y, x) \tag{5.20a}$$
$$0 = F(y, x) \tag{5.20b}$$

gebracht werden, wobei sich wegen $n_x = n_y = m$ die Dimension $n = n_x + n_y = 2m$ des Systems verdoppelt und die Funktion F zur algebraischen Nebenbedingung wird. Damit ist die Strukturmatrix der neuen Nebenbedingung genau die Strukturmatrix der allgemeinen DAE und wir können die Transformation direkt am Abhängigkeitsgraphen veranschaulichen, siehe Abbildung 5.4. Da die neue

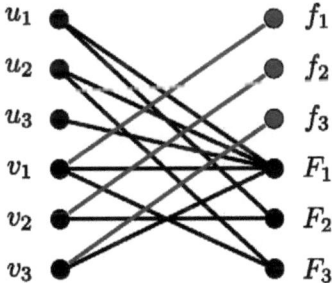

Abbildung 5.4: Transformation einer impliziten DAE (schwarz) in semi-explizite Form durch Erweiterung des Graphen (blau).

rechte Seite $f(y, x)$ des differentiellen Terms von (5.20) nicht von x abhängt und bezüglich der Variablen y die Identität ist, stimmt ihre Strukturmatrix exakt mit ihrer Jacobimatrix überein, d.h.

$$\frac{\partial}{\partial(x, y)} f = (\mathrm{pat}\, f)^T = \mathrm{pat}\, f = \begin{pmatrix} 0 & 0 \\ 0 & I \end{pmatrix} \in \{0, 1\}^{2m \times 2m}.$$

Aus diesem Grund entstehen bei der Transformation keinerlei zusätzliche Schattenabhängigkeiten, die das Ergebnis der Strukturanalyse verzerren könnten. Wir wollen diesen Übergang genauer betrachten. Falls (5.19) nach $\dot{z}$ aufgelöst werden kann, handelt es sich um eine implizit gegebene ODE mit

Differentiationsindex 0. Mithin kann auch (5.20b) nach y aufgelöst werden, das transformierte System ist also in der Form

$$\dot{\mathbf{u}} = \mathbf{y}$$
$$\mathbf{y} = \hat{F}(\mathbf{x})$$

mit entsprechender Funktion $\hat{F}$ darstellbar und hat damit den Differentiationsindex 1.

Betrachten wir nun den Abhängigkeitsgraphen von (5.20). Im genannten Fall bedingt der volle Rang von $\frac{\partial}{\partial \mathbf{y}} F$ die Existenz eines perfekten Matchings im Teilgraphen, der von den algebraischen Gleichungen (5.20b) mit der Knotenmenge

$$V = \left\{ v_i \,\middle|\, i = 1,...,n \right\} \cup \left\{ F_i \,\middle|\, i = 1,...,n \right\}$$

aufgespannt wird, so dass alle algebraischen Variablen in einem Schritt des strukturellen Reduktionsverfahrens eliminiert werden können, d.h. $N = 1$. Insbesondere ist in Phase 1 dieses Schrittes keine einzige strukturelle Differentiation notwendig und es gilt $c_j^1 = 0$ für alle von F gebildeten Nebenbedingungen, $j = 1,...,n$. Damit erhalten wir also auch $\omega = 1$ und der schwache Strukturindex stimmt mit dem Differentiationsindex überein.

Das Phänomen der Indexerhöhung während Transformation (2.4) ist nicht auf den beschriebenen Fall beschränkt und es gilt allgemein, dass der Differentiationsindex der transformierten DAE (5.20) genau um eins größer ist als derjenige von (5.19) [Gea88]. Dieses Ergebnis lässt sich auf den schwachen Strukturindex übertragen.

Definition 5.4.1 (Schwacher Strukturindex einer allgemeinen DAE)
Sei ω_t der schwache Strukturindex des transformierten Systems (5.20). Der schwache Strukturindex des ursprünglichen Systems (5.19) ist definiert als

$$\omega := \omega_t - 1.$$

Durch die Verringerung des schwachen Strukturindex wird die Indexerhöhung der Transformation ausgeglichen und wir erhalten

Satz 5.4.2 (Schwacher Strukturindex einer allgemeinen DAE)
Sei ω der schwache Strukturindex nach Definition 5.4.1 und ν der Differentiationsindex des Problems (5.19). Es gilt die Abschätzung

$$0 \leq \omega \leq \nu.$$

Beweis Nach [Gea88] gilt für den Differentiationsindex ν_t des transformierten Problems

$$\nu_t = \nu + 1,$$

der schwache Strukturindex des semi-expliziten transformierten Systems erfüllt nach Konstruktion die

Abschätzung

$$1 \leq \omega_t.$$

Mit Satz 5.2.23 stellt der schwache Strukturindex des semi-expliziten Systems eine untere Schranke für dessen Differentiationsindex dar und es gilt

$$\omega + 1 = \omega_t \leq \nu_t = \nu + 1.$$

Insgesamt folgt die Behauptung. □

Die anfängliche Voraussetzung einer semi-expliziten Form war dem Wunsch geschuldet, totales Differenzieren einer algebraischen Gleichung nach der Zeit durch einfaches Multiplizieren von Strukturmatrizen strukturell nachzubilden. Da jedoch die Festlegung auf DAEs einer bestimmten Form eine empfindliche Einschränkung des vorgestellten Formalismus bedeuten würde, wurde in diesem Abschnitt eine von Gear vorgeschlagene analytische Transformation benutzt, um auch allgemeine DAEs der Behandlung mittels schwachem Strukturindex zugänglich zu machen.

5.5 Beispiel: Lineare DAEs

Ähnlich zu Abschnitt 4.4 soll das strukturelle Reduktionsverfahren mit der klassischen Vorgehensweise bei linearen DAEs verglichen werden. Dazu betrachten wir für $n_y \geq 1$ ein System der Form

$$\dot{\mathbf{x}} = A\mathbf{x} + B\mathbf{y}, \qquad A \in \mathbb{R}^{n_x \times n_x}, B \in \mathbb{R}^{n_x \times n_y}, \qquad (5.21a)$$

$$\mathbf{0} = C\mathbf{x} + D\mathbf{y}, \qquad C \in \mathbb{R}^{n_y \times n_x}, D \in \mathbb{R}^{n_y \times n_y}, \qquad (5.21b)$$

so dass die n_y algebraischen Variablen aus ebenso vielen Nebenbedingungen zu bestimmen sind.

5.5.1 Matrixbüschel und Kronecker-Normalform

In Abschnitt 4.4.1 wurde bereits das Matrixbüschel als Werkzeug zur Analyse linearer DAEs eingeführt und auf den Fall einer skalaren Nebenbedingung angewendet. Dieses Konzept soll nun für den allgemeinen Fall mehrerer Nebenbedingungen betrachtet werden. Dazu schreiben wir das System (5.21) in der Form

$$\begin{pmatrix} I & 0 \\ 0 & 0 \end{pmatrix} \begin{pmatrix} \dot{\mathbf{x}} \\ \dot{\mathbf{y}} \end{pmatrix} + \begin{pmatrix} -A & -B \\ C & D \end{pmatrix} \begin{pmatrix} \mathbf{x} \\ \mathbf{y} \end{pmatrix} = \mathbf{0} \qquad (5.22)$$

und führen eine entsprechend verallgemeinerte Version des in Definition 4.4.1 gegebenen Matrixbüschels ein.

Definition 5.5.1 (Matrixbüschel)
Zu einer DAE der Form (5.22) *definieren wir das Matrixbüschel* $P : \mathbb{C} \to \mathbb{C}^{n \times n}$ *durch*

$$P(\lambda) := \lambda \cdot \begin{pmatrix} I & 0 \\ 0 & 0 \end{pmatrix} + \begin{pmatrix} -A & -B \\ C & D \end{pmatrix}.$$

Das Matrixbüschel $P(\lambda)$ heißt regulär, wenn $\det P \not\equiv 0$ *als Funktion von λ erfüllt ist. Andernfalls nennen wir $P(\lambda)$ singulär.*

Ganz analog zu Satz 4.4.2 ist nun die Lösbarkeit der linearen DAE (5.21) bzw. (5.22) äquivalent zur Regularität des zugehörigen Matrixbüschels, vgl. [Bre89]. Lösbare lineare DAEs können nun stets in die sogenannte *Kronecker-Normalform* überführt werden, aus der ihr Differentiationsindex einfach zu bestimmen ist. Dazu benötigen wir noch ein Hilfsmittel.

Lemma 5.5.2 (Kronecker-Weierstrass-Form)
Seien $M_1, M_2 \in \mathbb{C}^{m_1 \times m_2}$ zwei Matrizen mit regulärem Matrixbüschel $P(\lambda) = \lambda M_1 + M_2$. Dann existieren reguläre Matrizen U und V mit

$$U M_1 V = \begin{pmatrix} I & 0 \\ 0 & N \end{pmatrix} \quad \text{und} \quad U M_2 V = \begin{pmatrix} W & 0 \\ 0 & I \end{pmatrix},$$

wobei N eine nilpotente Matrix und W beliebig ist. Insbesondere sind N und W weder in ihren Dimensionen noch in ihrer Eigenstruktur abhängig von der Wahl der Transformationsmatrizen U und V.

Beweis Diese Aussage ist z.B. als Lemma 2.6 bzw. Lemma 2.7 in [Tis07] formuliert. □

Jede lineare DAE kann also einer Transformation unterworfen werden, so dass sich ihre Matrizen in Kronecker-Weierstrass-Form befinden. Diese spezielle Gestalt einer allgemeinen linearen DAE wird als Kronecker-Normalform bezeichnet.

Definition 5.5.3 (Kronecker-Normalform)
Eine lineare DAE der Form

$$M_1 \dot{z} + M_2 z = q$$

mit (hinreichend glatter) Funktion $q(t)$ hat Kronecker-Normalform, wenn M_1 und M_2 die Kronecker-Weierstrass-Form besitzen.

Obgleich lineare DAEs (5.21) mit semi-expliziter Struktur auf den ersten Blick starke Ähnlichkeit zur Kronecker-Normalform aufweisen, stimmen beide Konzepte nur dann überein, wenn $C = 0$, $B = 0$ und D regulär ist. In diesem Fall ergäbe sich $N = 0$ und mithin hätte die DAE einen Differentiationsindex $\nu = 1$.
Von der Kronecker-Normalform kann nun der Differentiationsindex der DAE (5.21) abgelesen werden.

Definition 5.5.4 (Differentiationsindex einer linearen DAE)
Zur DAE (5.21) ist der Differentiationsindex definiert als Grad der Nilpotenz der Matrix N, die sich aus der Kronecker-Normalform des Systems ergibt.

Im Fall linearer DAEs nimmt die sehr abstrakte Formulierung des Differentiationsindex nach Definition 2.1.1 demnach sehr konkrete Züge an. Tatsächlich ist es a priori nicht unbedingt klar, dass durch den Grad der Nilpotenz einer Matrix – bisweilen auch als *Kronecker-Index* der DAE bezeichnet, vgl. [Tis07] – genau die minimale Anzahl der nötigen Differentiationen zur Überführung in eine ODE wiedergegeben wird. Tatsächlich kann die Gleichheit dieser beiden Konzepte im Fall linearer DAEs jedoch durch einfache Rechnung gezeigt werden, vgl. [Bre89, Tis07].

Insgesamt fassen wir zusammen, dass die Lösbarkeit einer linearen DAE äquivalent zur Existenz eines endlichen Differentiationsindex ist.

5.5.2 Reduktion des Differentiationsindex

Während es also möglich ist, durch die Bestimmung der Kronecker-Normalform eine lineare DAE als Ganzes zu behandeln und den Differentiationsindex abzulesen, kann der gleiche Index über ein analytisches Reduktionsverfahren bestimmt werden, bei dem die Nebenbedingungen iterativ abgearbeitet und somit die algebraischen Variablen sukzessive eliminiert werden. Der oben vorgeschlagene strukturelle Algorithmus verfolgt – wie ausführlichst erläutert wurde – ebenso einen iterativen Ansatz, da die Transformation in die Kronecker-Normalform bei einer rein strukturellen Darstellung der DAE nicht möglich ist. Aus diesem Grund soll das analytische Reduktionsverfahren kurz erläutert werden.

Erneut betrachten wir für $n_y \geq 1$ das System

$$\dot{\mathbf{x}} = A\mathbf{x} + B\mathbf{y} \qquad A \in \mathbb{R}^{n_x \times n_x}, B \in \mathbb{R}^{n_x \times n_u} \qquad (5.23a)$$
$$0 = C\mathbf{x} + D\mathbf{y} \qquad C \in \mathbb{R}^{n_y \times n_x}, D \in \mathbb{R}^{n_y \times n_y}. \qquad (5.23b)$$

Hat die Matrix D vollen Rang, d.h. gilt $\operatorname{rank} D = n_y$, so können alle algebraischen Variablen aus (5.23b) zu

$$\mathbf{y} = -D^{-1} C \mathbf{x}$$

berechnet werden und man erhält mit Nachdifferentiation der differentiellen Variablen formal die ODE

$$\dot{\mathbf{x}} = A\mathbf{x} + B\mathbf{y}$$
$$\dot{\mathbf{y}} = -D^{-1} C (A\mathbf{x} + B\mathbf{y}),$$

wozu jede algebraische Komponente genau einmal differenziert werden muss. Nach den Ausführungen in Abschnitt 5.1 gilt also $\nu = 1$.

Ist die Matrix D singulär und bezeichne

$$m_1 := n_y - \operatorname{rank} D > 0$$

die Dimension ihres Kerns, so existiert eine Matrix $N_1 \in \mathbb{R}^{m_1 \times n_y}$ mit vollem Rang und $N_1 D = \mathbf{0}$, so dass die Zeilen von N_1 den Links-Kern von D aufspannen[36]. Multiplikation von (5.23b) mit N_1 ergibt nun die Gleichung

$$\mathbf{0} = N_1 C \mathbf{x},$$

---

36 Analoges Vorgehen hat zur ersten Einführung des Strukturindex in [Duf86] geführt, siehe Kapitel 3.

die sodann total nach der Zeit differenziert werden kann. Nachdifferenzieren gemäß (5.23a) liefert damit m_1 skalare Nebenbedingungen

$$0 = N_1 C A \mathbf{x} + N_1 C B \mathbf{y},$$

die mit den Bezeichnungen $C_1 := N_1 C A \in \mathbb{R}^{m_1 \times n_x}$ und $D_1 := N_1 C B \in \mathbb{R}^{m_1 \times n_y}$ das erweiterte System

$$\dot{\mathbf{x}} = A \mathbf{x} + B \mathbf{y}$$
$$0 = C \mathbf{x} + D \mathbf{y}$$
$$0 = C_1 \mathbf{x} + D_1 \mathbf{y}$$

bilden, das die gleiche Struktur wie die ursprüngliche DAE aufweist und daher ein iteratives Vorgehen nahelegt.

Zu Beginn des nächsten Schrittes betrachtet man also das System

$$\dot{\mathbf{x}} = A \mathbf{x} + B \mathbf{y}$$
$$0 = \begin{pmatrix} C \\ C_1 \end{pmatrix} \mathbf{x} + \begin{pmatrix} D \\ D_1 \end{pmatrix} \mathbf{y}$$

und es gilt[37]

$$\nu = 2 \quad \Leftrightarrow \quad \operatorname{rank} \begin{pmatrix} D \\ D_1 \end{pmatrix} = n_y \quad \Leftrightarrow \quad \operatorname{rank} D_1 = m_1.$$

Weist die Matrix $D_1 \in \mathbb{R}^{m_1 \times n_y}$ jedoch einen Kern der Dimension

$$m_2 := m_1 - \operatorname{rank} D_1 > 0$$

auf, so existiert eine Matrix $N_2 \in \mathbb{R}^{m_2 \times m_1}$ mit vollem Rang und $N_2 D_1 = 0$. Diese Konstruktion liefert das erneut um m_2 skalare Nebenbedingungen erweiterte System

$$\dot{\mathbf{x}} = A \mathbf{x} + B \mathbf{y}$$
$$0 = C \mathbf{x} + D \mathbf{y}$$
$$0 = C_1 \mathbf{x} + D_1 \mathbf{y}$$
$$0 = C_2 \mathbf{x} + D_2 \mathbf{y},$$

wobei wir analog zu den vorigen Bezeichnungen

$$C_2 := N_2 C_1 A \in \mathbb{R}^{m_2 \times n_x}$$
$$D_2 := N_2 C_1 B \in \mathbb{R}^{m_2 \times n_y}$$

---

[37] Man beachte, dass in diesem Schritt $\operatorname{rank} D < n_y$ gilt.

5.5 Beispiel: Lineare DAEs

eingeführt haben. Es ergibt sich[38]

$$\nu = 3 \quad \Leftrightarrow \quad \operatorname{rank} \begin{pmatrix} D \\ D_1 \\ D_2 \end{pmatrix} = n_y \quad \Leftrightarrow \quad \operatorname{rank} D_2 = m_2.$$

Bevor wir nun den Differentiationsindex formalisieren, sollen die eingeführten Bezeichnungen kompakt zusammengefasst werden.

Definition 5.5.5 (Bezeichnungen)
Wir setzen $m_0 := n_y$, $C_0 := C$, $D_0 := D$ *sowie für* $i \in \mathbb{N}$

$$m_i := m_{i-1} - \operatorname{rank} D_{i-1}$$
$$C_i := N_i\, C_{i-1}\, A \qquad \in \mathbb{R}^{m_i \times n_x}$$
$$D_i := N_i\, C_{i-1}\, B \qquad \in \mathbb{R}^{m_i \times n_y},$$

wobei die Matrizen $N_i \in \mathbb{R}^{m_i \times m_{i-1}}$ *rangmaximal unter allen Matrizen der Eigenschaft*

$$0 = N_i\, D_{i-1}$$

sind.

Damit können wir eine Charakterisierung des Differentiationsindex als Anzahl aller bis zur Terminierung des beschriebenen Verfahrens durchgeführten Differentiationen angeben.

Lemma 5.5.6 (Differentiationsindex einer linearen semi-expliziten DAE)
Der Differentiationsindex $\nu \geq 1$ *der linearen semi-expliziten DAE* (5.21) *ist die kleinste ganze Zahl, für die*

$$\operatorname{rank} \left(D_0^T \,\middle|\, D_1^T \,\middle|\, \ldots \,\middle|\, D_{\nu-1}^T \right) = n_y$$

gilt.

Beweis Terminiert das Verfahren nach N Schritten, so sind zur Berechnung von $\dot{y}$ genau $\nu = N+1$ Differentiationen nötig. Nach den obigen Ausführungen folgt die Behauptung damit aus

$$\begin{pmatrix} D_0 \\ \vdots \\ D_N \end{pmatrix}^T = \left(D_0^T \,\middle|\, \ldots \,\middle|\, D_N^T \right)$$

und der Minimalität von $N = \nu - 1$ mit dieser Eigenschaft. □

5.5.3 Strukturelle Reduktion

Zur Verdeutlichung der Arbeitsweise des strukturellen Algorithmus soll nun ein Schritt der analytischen Reduktion strukturell nachgebildet werden. Ohne Einschränkung können wir dazu annehmen, das

---

[38] Es ist $\operatorname{rank} D < n_y$ sowie $\operatorname{rank} D_1 < m_1$ vorausgesetzt.

System (5.21) stelle das im Verlauf des Verfahren bereits teilweise abgearbeitete Problem dar, d.h. zu Beginn des betrachteten Iterationsschrittes[39] liege noch das System

$$\dot{\mathbf{x}} = A\mathbf{x} + B\mathbf{y}_a, \qquad A \in \mathbb{R}^{n_x \times n_x}, B \in \mathbb{R}^{n_x \times n_a},$$
$$\mathbf{0} = C\mathbf{x} + D\mathbf{y}_a, \qquad C \in \mathbb{R}^{n_a \times n_x}, D \in \mathbb{R}^{n_a \times n_a},$$

vor, wobei $\mathbf{y}_a$ die noch aktiven Variablen und n_a deren Anzahl bezeichne. Die Bezeichnungen wurden ausführlich in Abschnitt 5.1 erläutert.

Besitzt die Matrix D eine Nullzeile, so korrespondiert diese zu einer Nebenbedingung, in der keine aktive Variable auftaucht. Da diese Gleichung also im Verlauf des Verfahrens ohnehin differenziert werden muss, um daraus eine aktive Variable berechnen zu können, kann diese Gleichung ohne Einschränkung gleich an dieser Stelle so oft differenziert werden, bis eine aktive Variable auftaucht. Gilt nun $\mathrm{rank}\, D = n_a$, so können in diesem Schritt alle verbliebenen algebraischen Variablen eliminiert werden und das Verfahren terminiert.

Im Fall $n_\delta = \mathrm{rank}\, D < n_a$ entspricht die Bestimmung eines größten Matchings gerade der Wahl einer regulären $n_\delta \times n_\delta$-Teilmatrix von D, was unter Verwendung von zwei entsprechenden Permutationsmatrizen P_1, P_2, die lediglich eine Umnummerierung der Gleichungen bzw. Variablen vermitteln, gemäß

$$\mathbf{0} = P_1 C \mathbf{x} + P_1 D P_2 \hat{\mathbf{y}}_a \tag{5.24}$$

geschrieben werden kann. Dabei haben wir $P_2 \hat{\mathbf{y}}_a = \mathbf{y}_a$ gesetzt und die ganze Gleichung von links mit P_1 durchmultipliziert. Nun können wir

$$P_1 D P_2 = \begin{pmatrix} D_{11} & D_{12} \\ D_{21} & D_{22} \end{pmatrix}$$

partitionieren, wobei die Matrix $D_{11} \in \mathbb{R}^{n_\delta \times n_\delta}$ regulär ist. Die ersten n_δ Gleichungen von (5.24) lauten damit

$$\mathbf{0} = [P_1 C \mathbf{x}]_{1,\ldots,n_\delta} + D_{11} [\hat{\mathbf{y}}_a]_{1,\ldots,n_\delta} + D_{12} [\hat{\mathbf{y}}_a]_{n_\delta+1,\ldots,n_a} \tag{5.25}$$

und können nach $[\hat{\mathbf{y}}_a]_{1,\ldots,n_\delta}$ aufgelöst werden,

$$[\hat{\mathbf{y}}_a]_{1,\ldots,n_\delta} = -D_{11}^{-1} \left([P_1 C \mathbf{x}]_{1,\ldots,n_\delta} + D_{12} [\hat{\mathbf{y}}_a]_{n_\delta+1,\ldots,n_a} \right). \tag{5.26}$$

Die soeben berechneten aktiven Variablen stellen sich also als Funktion von den verbliebenen aktiven Variablen sowie den in den zur Berechnung verwendeten Gleichungen enthaltenen differentiellen Variablen dar. Die Matrix D_{11}^{-1} ist im Allgemeinen voll besetzt, so dass alle berechneten aktiven Variablen die gleichen Abhängigkeiten besitzen. Dies entspricht der Berechnung der strukturellen Abhängigkeitsmenge im oben beschriebenen Verfahren.

Die Elimination der soeben berechneten Variablen besteht im Einsetzen von (5.26) in die verbliebenen

---

[39] Zur bessern Übersichtlichkeit unterdrücken wir wie gewohnt den globalen Iterationszähler.

5.5 Beispiel: Lineare DAEs

$n_a - n_\delta$ Gleichungen von (5.24), womit wir

$$\begin{aligned}
\mathbf{0} &= [P_1 C \mathbf{x}]_{n_\delta+1,\ldots,n_a} + D_{22} [\hat{\mathbf{y}}_a]_{n_\delta+1,\ldots,n_a} \cdots \\
&\quad \ldots - D_{21} D_{11}^{-1} \left([P_1 C \mathbf{x}]_{1,\ldots,n_\delta} + D_{12} [\hat{\mathbf{y}}_a]_{n_\delta+1,\ldots,n_a} \right) \\
&= [P_1 C \mathbf{x}]_{n_\delta+1,\ldots,n_a} - D_{21} D_{11}^{-1} [P_1 C \mathbf{x}]_{1,\ldots,n_\delta} + \left(D_{22} - D_{21} D_{11}^{-1} D_{12} \right) [\hat{\mathbf{y}}_a]_{n_\delta+1,\ldots,n_a}
\end{aligned}$$

erhalten. Die funktionalen Abhängigkeiten der soeben berechneten aktiven Variablen übertragen sich also genau in diejenigen verbliebenen Gleichungen, wo sie selbst als Variable auftauchen. Nun befinden wir uns formal in der gleichen Situation wie zu Beginn des Iterationsschrittes.

Während bei Vorliegen einer einzelnen skalaren Nebenbedingung in Abschnitt 4.4 noch die Übereinstimmung von schwachem Strukturindex und Differentiationsindex für nicht-negative Matrizen und Vektoren gezeigt werden konnte, lassen sich diese Ergebnisse selbst bei linearen DAEs nicht ohne Weiteres auf den Fall mehrerer Nebenbedingungen übertragen. Ursache dafür ist zum einen, dass beim Auflösen der Gleichung (5.25) die Matrix D_{11}^{-1} bei der strukturellen Reduktion als voll besetzt angenommen wird und somit alle berechneten aktiven Variablen die gleichen funktionalen Abhängigkeiten zugewiesen bekommen, vgl. Lemma 5.10 sowie darauf aufbauend Korollar 5.2.11. Zum anderen unterliegt die Auswahl der zu berechnenden aktiven Variablen sowie der dazu heranzuziehenden Gleichungen einer potentiellen Mehrdeutigkeit. Dieser Aspekt wurde bereits ausführlich in Abschnitt 5.2.4 behandelt.

KAPITEL 6

Strukturdetektion

In den vorigen Kapiteln dieser Arbeit wurden Methoden entwickelt, mit denen alleine aus der Besetzungsstruktur einer DAE Aussagen zu Existenz und Wert des zugehörigen Differentiationsindex abgeleitet werden können. Während das Bereitstellen der hierfür nötigen Strukturinformation in Form von Strukturmatrizen bei kleinen Systemen, die analytisch explizit bekannt sind, prinzipiell[40] durch Ablesen der auftauchenden Variablen möglich ist, stellt die Detektion funktionaler Abhängigkeiten für große und schwer überschaubare Systeme ein nicht-triviales Problem dar. Entstammt ein System zudem einer computerunterstützten Modellierung oder wird es automatisch erzeugt, so sind die Gleichungen analytisch nicht gegeben und mithin einem manuellen Aufstellen der Strukturmatrizen nicht zugänglich, vgl. Abschnitt 2.2.1.

In [Wei10] wurde ein Formalismus vorgestellt, mit dem nicht nur die Strukturmatrizen gerade von hierarchisch und modular konzipierten Modellen automatisch berechnet werden können, sondern der durch einen semi-algorithmischen Ansatz zudem die Strukturinformation zur effizienten Auswertung der partiellen Ableitungen eines Modells verwendet. In diesem Kapitel soll die Strukturdetektion nach [Wei10] vorgestellt und um das Konzept der *gewichteten Strukturmatrix* erweitert werden, die neben der reinen Besetzungsstruktur noch eine Information über die Art der funktionalen Abhängigkeiten in sich trägt und z.B. zur Analyse von Optimalsteuerproblemen herangezogen werden kann, siehe Abschnitt 7.2.

Da mit den im Folgenden dargestellten Methoden die Bestimmung der Struktur eines Systems bereits *während* dessen Entwicklung möglich ist, kann eine entsprechende Indexanalyse noch in der Modellierungsphase eines Problems durchgeführt werden und somit Auskunft darüber geben, ob das betrachtete Modell im aktuellen Status überhaupt (numerisch) lösbar ist[41]. Diese Interaktion zwischen Entwicklung und Analyse eines Modells führt auf den Begriff der *integrierten Strukturanalyse*.

6.1 Integrierte Strukturanalyse

Unter einem *Modell* verstehen wir allgemein die (mathematische) Beschreibung eines Systems, die in einem zumeist abstrahierenden und vereinfachenden Prozess der *Modellierung* eine Menge an

---

[40] Wie in Abschnitt 2.2.1 angemerkt wurde, können jedoch selbst bei einfach erscheinenden Gleichungen Schattenabhängigkeiten generiert werden.
[41] Vgl. hierzu Abschnitt 2.1.

Gleichungen derart hervorbringt, dass diese sowohl in ihrer Komplexität einer mathematischen Untersuchung zugänglich ist als auch alle das System charakterisierenden Eigenschaften hinreichend gut reproduziert. Die typischerweise entgegengesetzten Zielsetzungen Handhabbarkeit und Realitätsgrad führen insbesondere dazu, dass zu einem einzigen System oftmals beliebig viele Möglichkeiten der Modellbildung existieren und beim Entwickeln eines mathematischen Abbildes des Systems durchaus gewisse Freiheiten bestehen.

So könnte – um das später in Kapitel 7.2.5 verwendete Modell aufzugreifen – ein Flugzeug zum Beispiel zur einfachen Punktmasse reduziert werden, die sich unter dem Einfluss von entlang der Koordinatenachsen wirkenden Kräften bewegt. Eine realistischere Modellierung würde das Flugzeug dagegen als einen mit Lageinformation ausgestatteten Starrkörper betrachten, der dem echten Flugzeug entsprechend mit Ausschlägen von Steuerflächen und den daraus resultierenden aerodynamischen Kräften gesteuert wird, wobei zwischen[42] diesen beiden genannten Ansätzen ein ganzes Spektrum an möglichen Modellierungen liegt.

Wird ein dynamisches System nun als DAE modelliert, so stellt der Differentiationsindex ein wichtiges Maß für die (mathematische) Komplexität des Modells dar und muss daher in seiner Größe kontrolliert werden, sofern die resultierenden Gleichungen numerisch gelöst werden sollen, vgl. Abschnitt 2.1. Kann einem konkreten Modell daher ein hoher Differentiationsindex nachgewiesen werden, so sollten die oben beschriebenen Freiheiten der Modellierung tatsächlich genutzt werden, um durch eine Modifikation des Modells eine mathematische Beschreibung mit besseren analytischen und numerischen Eigenschaften zu finden. Mit dem schwachen Strukturindex wird in dieser Arbeit ein Konzept vorgestellt, mit dem alleine aus der Abhängigkeitsstruktur einer DAE eine untere Schranke für den Differentiationsindex angegeben werden kann und das immer dann zur Verfügung steht, wenn die Struktur des Modells bekannt ist oder bestimmt werden kann. Dieser rückgekoppelte Prozess aus Modellierung, Strukturdetektion und Indexanalyse ist in Abbildung 6.1 grafisch dargestellt.

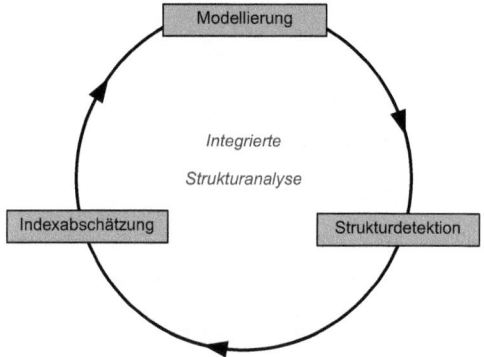

Abbildung 6.1: Schematische Darstellung der integrierten Strukturanalyse

---

42 In [Fis08] wird ein Ansatz vorgestellt, bei dem während eines Simulations- bzw. Optimierungsverfahrens zwischen verschiedenen Modellen mit unterschiedlichem Komplexitäts- und Realitätsgrad umgeschaltet wird.

6.2 Berechnung von Strukturmatrizen

6.2.1 Modulare Modellierung

Viele naturwissenschaftlich zu untersuchende Prozesse besitzen per se bereits einen modularen Aufbau und stellen damit die Verknüpfung funktionaler Bausteine dar, die wir als *Module* oder *Blöcke* bezeichnen wollen. Beispielsweise ergibt sich die Dynamik eines Flugzeuges aus der Überlagerung verschiedener Kräfte, die je nach Zweckmäßigkeit in unterschiedlichen Koordinatensystemen beschrieben werden und letztlich in ein gemeinsames Bezugssystem transformiert werden müssen. Die Berechnungen der einzelnen Kräfte im Bezugssystem könnten somit separate Module darstellen, die entsprechend einer physikalischen Überlagerung additiv miteinander verknüpft werden.
Da auf diese Art und Weise ganze Teilsysteme kompakt vom restlichen Modell abgegrenzt werden können und lediglich die Kompatibilität mit den vorgegebenen Schnittstellen zu anderen Modulen bzw. Teilsystemen respektiert werden muss, ergeben sich drei gewichtige Vorteile eines modularen Ansatzes:

- Das Modell bleibt auch bei steigender Komplexität klar strukturiert und damit insbesondere auch verständlich.

- Die Modellierung verschiedener Module kann von verschiedenen Spezialisten übernommen werden, die sich lediglich auf ein Teilsystem konzentrieren können.

- Einzelne Teilsysteme können problemlos modifiziert und somit in unterschiedlicher Komplexität implementiert werden, so dass Modelle mit unterschiedlichem Realitätsgrad generiert werden können.

Zur Verbesserung der Übersichtlichkeit ist es auch möglich, Gleichungen künstlich in einzelne Module aufzuteilen, was insbesondere bei der Berechnung von Ableitungen hilfreich sein kann, indem z.B. wiederholt auftauchende Terme in ein separates Modul ausgelagert werden. In [Wei10] wurde ein allgemeiner Formalismus zur Darstellung einer Funktion durch einzelne Blöcke vorgestellt, die mittels einer Input-Output-Beziehung paarweise miteinander verknüpft werden und somit ein ganzes Netzwerk an funktionalen Bausteinen generieren.
Eine konsequente Modularisierung eines Modells impliziert, dass Module selbst wiederum aus mehreren Modulen aufgebaut sein können und damit eine entsprechende Substruktur besitzen, was schematisch in Abbildung 6.2 angedeutet ist. Eine einzelne Schicht des so gebildeten Netzwerkes empfängt einen Input (Abbildung 6.2, links), der sodann entlang der gerichteten Kanten zu den einzelnen Submodulen propagiert und schließlich als Output der Netzwerkschicht zur Verfügung steht (Abbildung 6.2, rechts). Damit ergibt sich eine Rekursion durch die jeweiligen Substrukturen der Module, bis auf der untersten Ebene Module direkt ausgewertet werden können.

6.2.2 Ein rekursiver Algorithmus

Nach den vorigen Ausführungen identifizieren wir eine Funktion

$$f : \mathbb{R}^{n_f} \to \mathbb{R}^{m_f} \tag{6.1}$$

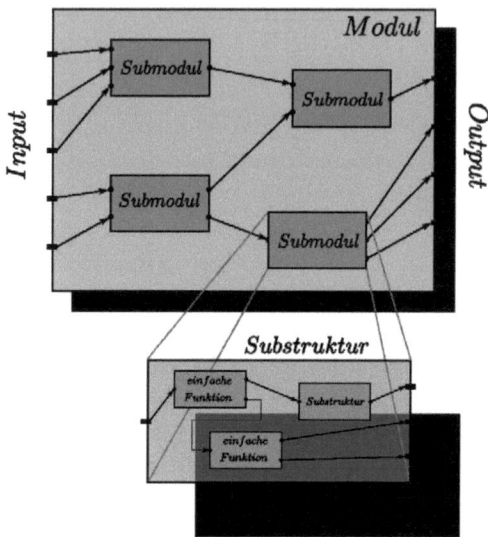

Abbildung 6.2: Hierarchische Verschachtelung von Modulen

mit einem Modul mit n_f Inputs und m_f Outputs. Sofern die Funktion einfach genug ist und das zugehörige Modul daher keine weitere Substruktur besitzt, setzen wir die Strukturmatrix pat $f \in \{0,1\}^{n_f \times m_f}$ und damit die interne Abhängigkeitsstruktur des Moduls als bekannt voraus. Existiert nun in der gleichen Schicht des Netzwerkes eine weitere Funktion, die als Input eine Komponente des Outputs von f erhält, so wird diese Information in der sogenannten *expliziten Transfermatrix* festgehalten.

Definition 6.2.1 (Explizite Transfermatrix)
Zu zwei Funktionen $f : \mathbb{R}^{n_f} \to \mathbb{R}^{m_f}$ *und* $g : \mathbb{R}^{n_g} \to \mathbb{R}^{m_g}$ *ist die explizite Transfermatrix* $\langle f \to g \rangle \in \{0,1\}^{m_f \times n_g}$ *für* $1 \leq i \leq m_f$ *und* $1 \leq j \leq n_g$ *gegeben durch*

$$\langle f \to g \rangle_{i,j} = \begin{cases} 1 & \text{, falls der } i^{te} \text{ Output von } f \text{ der } j^{te} \text{ Input von } g \text{ ist} \\ 0 & \text{, sonst.} \end{cases}$$

Die paarweise zu je zwei Funktionen der gleichen Netzwerkschicht definierten expliziten Transfermatrizen geben damit genau die externe Verknüpfungsstruktur der zugehörigen Module wieder, die von den gerichteten Kanten zwischen den Modulen im Blockschaltbild repräsentiert werden. Im Gegensatz dazu stellen die Strukturmatrizen die internen Abhängigkeiten einer Funktion dar, d.h. die gerichteten Kanten vom Input zum Output innerhalb eines Moduls. Werden nun die internen und externen Kanten zusammen betrachtet, so ergeben sich in einer Netzwerkschicht ganze Pfade, die vom Input der Netzwerkschicht hin zum Output verlaufen und dabei die darin enthaltenen Module durchqueren. Für die weiteren Untersuchungen benötigen wir daher eine Hilfsgröße, die die Anzahl an möglichen

Pfaden[43] zwischen dem Output einer Funktion und dem Input einer anderen Funktion wiedergibt. Da somit also nicht nur explizite Abhängigkeiten innerhalb einer Netzwerkschicht berücksichtigt werden, bezeichnen wir diese Hilfsgrößen als *implizite Transfermatrizen*.

Definition 6.2.2 (Implizite Transfermatrix)

Zu zwei Funktionen $f : \mathbb{R}^{n_f} \to \mathbb{R}^{m_f}$ und $g : \mathbb{R}^{n_g} \to \mathbb{R}^{m_g}$ ist die implizite Transfermatrix $\langle f \Rightarrow g \rangle \in \mathbb{N}_0^{m_f \times n_g}$ für $1 \leq i \leq m_f$ und $1 \leq j \leq n_g$ gegeben durch

$$\langle f \Rightarrow g \rangle_{i,j} = k,$$

falls zwischen dem i^{ten} Output von f und dem j^{ten} Input von g genau k Pfade existieren.

Ist die Funktion f aus (6.1) jedoch selbst wiederum aus Modulen aufgebaut, spannt die Funktion also selbst eine neue *Netzwerkschicht* auf, so besitzt das zugehörige Modul eine entsprechende Substruktur, vgl. Abbildung 6.2. Mithin ist pat f a priori nicht bekannt und muss aus der Verknüpfungsstruktur der eingebetteten Module bestimmt werden. Um den Übergang von f auf die darin eingebettete Netzwerkschicht abbilden zu können, führen wir in dieser Schicht formal die Module X und Y ein, wobei X lediglich n_f Outputs und Y genau m_f Inputs besitzt. Damit stellt X gerade die Inputs der Funktion f dar, die in die eingebettete Netzwerkschicht eingespeist werden. Analog repräsentiert Y die Outputs von f, die den Output der eingebetteten Netzwerkschicht aufnehmen[44]. Mit dieser Konstruktion ist es nun möglich, eine Netzwerkschicht formal als ein Tripel $(X, \mathcal{B}, Y)$ zu notieren, wobei X den Input und Y den Output der Schicht darstellt. Die Menge[45] $\mathcal{B}$ beinhaltet alle in dieser Netzwerkschicht liegenden und miteinander verknüpften Module, die wir mit den davon repräsentierten Funktionen identifizieren. Zur Veranschaulichung dieser Definitionen und Konstruktionen diene das folgende Beispiel.

Beispiel 6.2.3

Die Funktion $f : \mathbb{R}^4 \to \mathbb{R}^3$ besitze eine Substruktur aus den Modulen $g : \mathbb{R}^3 \to \mathbb{R}^2$ und $h : \mathbb{R}^2 \to \mathbb{R}$ mit den Strukturmatrizen

$$\operatorname{pat} g = \begin{pmatrix} 1 & 0 \\ 0 & 1 \\ 0 & 1 \end{pmatrix} \quad \text{und} \quad \operatorname{pat} h = \begin{pmatrix} 1 \\ 1 \end{pmatrix}$$

sowie den expliziten Transfermatrizen

$$\langle g \to h \rangle = \begin{pmatrix} 0 \\ 0 \end{pmatrix} \quad \text{und} \quad \langle h \to g \rangle = \begin{pmatrix} 0 & 0 & 1 \end{pmatrix}.$$

---

[43] Unter einem Pfad versteht man eine Folge von an den entsprechenden Enden verknüpften Kanten. Pfade, die lediglich aus einer Kante bestehen und mithin die Länge 1 besitzen, sind zulässig.

[44] Aus einem graphentheoretischeren Blickwinkel stellen die Inputs von f im eingebetteten Netzwerk also Quellen dar, die Outputs dagegen Senken.

[45] Die Bezeichnung dieser Menge ist dem Umstand geschuldet, dass wir die Begriffe *Block* und *Modul* synonym verwenden und das Symbol $\mathcal{M}$ bereits vergeben ist.

Der Übergang zur eingebetteten Netzwerkschicht von f sei durch die expliziten Transfermatrizen

$$\langle X \to g \rangle = \begin{pmatrix} 1 & 0 & 0 \\ 0 & 1 & 0 \\ 0 & 0 & 0 \\ 0 & 0 & 0 \end{pmatrix} \qquad \langle g \to Y \rangle = \begin{pmatrix} 1 & 0 & 0 \\ 0 & 1 & 0 \end{pmatrix}$$

$$\langle X \to h \rangle = \begin{pmatrix} 0 & 0 \\ 0 & 0 \\ 1 & 0 \\ 0 & 1 \end{pmatrix} \qquad \langle h \to Y \rangle = \begin{pmatrix} 0 & 0 & 1 \end{pmatrix}$$

gegeben, wobei X den Input sowie Y den Output von f darstellt. Insgesamt ergibt sich damit das in Abbildung 6.3 dargestellte Netzwerk.

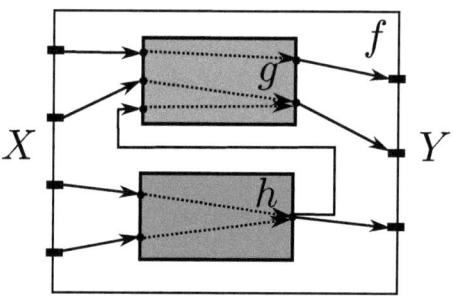

Abbildung 6.3: Schaltbild des eingebetteten Netzwerkes

Mit den bisherigen Definitionen und Konstruktionen ist es einem Pfad erlaubt, den Output eines Moduls wiederum mit einem Input desselben Moduls zu verknüpfen, was bei einer entsprechenden internen Abhängigkeitsstruktur dieses Moduls einen impliziten funktionalen Zusammenhang widerspiegeln würde. Während sich derartige Modelle z.B. in der *Multidisciplinary Design Optimization* finden, vgl. [SS90, Kod01], gehen wir im Folgenden von einem *im engen Sinne* modular aufgebauten Modell aus, bei dem jedes Modul seinen Output tatsächlich nur an andere Module der gleichen Netzwerkschicht weitergibt. Insbesondere können Pfade damit keine geschlossenen Kreise bilden. Wie bisher identifizieren wir eine Funktion $f : \mathbb{R}^{n_f} \to \mathbb{R}^{m_f}$ mit dem zugehörigen Modul und schreiben $I_f = \{1,...,n_f\}$ für den Input sowie $O_f = \{1,...,m_f\}$ für den Output dieses Moduls. Damit kann eine Berechnungsvorschrift für implizite Transfermatrizen angegeben werden.

Satz 6.2.4 (Berechnung impliziter Transfermatrizen)
Sei $(X,\mathcal{B},Y)$ eine Netzwerkschicht. Für zwei Module $B_1 \neq B_2 \in \mathcal{B}$ gilt die rekursive Gleichung

$$\langle B_1 \Rightarrow B_2 \rangle = \langle B_1 \to B_2 \rangle + \sum_{K \in \mathcal{B} \setminus \{B_1, B_2\}} \langle B_1 \to K \rangle \cdot \operatorname{pat} K \cdot \langle K \Rightarrow B_2 \rangle . \qquad (6.2)$$

Beweis Wir führen eine Induktion über die Länge eines Pfades von $O_{B_1,i}$ nach $I_{B_2,j}$.

Induktionsanfang: Es gibt eine Kante von $O_{B_1,i}$ nach $I_{B_2,j}$.

6.2 Berechnung von Strukturmatrizen

Die Existenz einer Kante impliziert $\langle B_1 \to B_2 \rangle_{i,j} = 1$ und jeder weitere Pfad zwischen diesen Knoten müsste diese Kante enthalten, da der Input einer Funktion eindeutig bestimmt sein muss und es daher nur einer Kante erlaubt ist, in $I_{B_2,j}$ zu enden. Da ein weiterer Pfad mit dieser Kante auch einen geschlossenen Kreis von $O_{B_1,i}$ nach $O_{B_1,i}$ enthalten würde, darf die j^{te} Spalte von $\langle K \Rightarrow B_2 \rangle$ für alle Module $K \in \mathcal{B} \setminus \{B_1, B_2\}$ nur Nullen enthalten. Dies stimmt demnach auch für die j^{te} Spalte derjenigen Matrix, die aus der Summation auf der rechten Seite von (6.2) hervorgeht. Damit haben wir

$$\langle B_1 \Rightarrow B_2 \rangle_{i,j} = \langle B_1 \to B_2 \rangle_{i,j} = 1.$$

Induktionsschritt: Es gibt nur Pfade von $O_{B_1,i}$ nach $I_{B_2,j}$, die mindestens[46] zwei Kanten beinhalten, und P sei ein solcher Pfad.

Wir haben $\langle B_1 \to B_2 \rangle_{i,j} = 0$. Sei $K \in \mathcal{B} \setminus \{B_1, B_2\}$ das erste Modul auf P nach B_1, d.h. die Gleichung

$$\langle B_1 \to K \rangle_{i,k} = 1 \tag{6.3}$$

gilt für ein $k \in I_K$. Weiter sei $J \subseteq O_K$ genau die Indexmenge mit $[\text{pat } K]_{k,l} = 1$ für alle $l \in J$. Nach Voraussetzung ist diese Menge nicht leer. Entlang des Pfades gilt nun die Induktionsvoraussetzung und aus Definition 6.2.2 folgt $\langle K \Rightarrow B_2 \rangle_{l,j} = N_l$ für alle Indizes $l \in J$, wobei N_l definiert ist als die Anzahl der Pfade von $O_{K,l}$ nach $I_{B_2,j}$. Daher gilt die Gleichung

$$[\text{pat } K \cdot \langle K \Rightarrow B_2 \rangle]_{k,j} = \sum_{l \in J} N_l$$

und liefert die Anzahl aller Pfade von $I_{K,k}$ nach $I_{B_2,j}$. Wegen (6.3) ist diese Anzahl identisch mit der Anzahl der Pfade, die von $O_{B_1,i}$ über $I_{K,k}$ nach $I_{B_2,j}$ laufen, denn es gilt

$$\langle B_1 \to K \rangle \cdot \text{pat } K \cdot \langle K \Rightarrow B_2 \rangle = \sum_{l \in J} N_l.$$

Da es genau ein erstes Modul auf jedem Pfad von $O_{B_1,i}$ nach $I_{B_2,j}$ gibt, erfasst die Summation in Gleichung (6.2) schließlich alle Pfade. □

Aus der lokalen Verknüpfungsinformation aller Module in Form expliziter Transfermatrizen sowie der Strukturmatrizen der einzelnen Module kann somit die implizite Transfermatrix zwischen zwei Modulen der Netzwerkschicht bestimmt werden, wobei die von der Summation auf der rechten Seite von (6.2) induzierte Rekursion gerade dem Fluss des Inputs innerhalb einer Netzwerkschicht entspricht. Wir nennen dies die *Rekursion 1. Art*. Ist von einem Modul die Strukturmatrix nicht bekannt, da die zugehörige Funktion f eine Substruktur aufweist, so kann die Rekursion in der eingebetteten Netzwerkschicht erneut gestartet werden, um die implizite Transfermatrix $\langle X \Rightarrow Y \rangle$ zu berechnen, wobei X und Y den Input bzw. Output von f in der eingebetteten Netzwerkschicht darstellt. Da die Existenz eines Pfades zwischen einer Komponente des Outputs von f und einer Komponente des

---

[46] Da jeder Pfad abwechselnd Kanten innerhalb und außerhalb eines Moduls enthält, ist die Länge eines derartigen Pfades tatsächlich mindestens 3.

Inputs von f nach Konstruktion gerade einer funktionalen Abhängigkeit entspricht, kann damit über die Identität

$$\operatorname{pat} f = \mathbb{1}\left(\langle X \Rightarrow Y \rangle\right) \tag{6.4}$$

die Strukturmatrix von f berechnet werden. Diese rekursive Behandlung eingebetteter Substrukturen bezeichnen wir als *Rekursion 2. Art*.

Beispiel 6.2.5 (Fortsetzung von Beispiel 6.2.3)
Wir setzen das vorige Beispiel fort. Nach (6.2) gilt

$$\operatorname{pat} f = \langle X \Rightarrow Y \rangle$$
$$= \langle X \to g \rangle \cdot \operatorname{pat} g \cdot \langle g \Rightarrow Y \rangle + \langle X \to h \rangle \cdot \operatorname{pat} h \cdot \langle h \Rightarrow Y \rangle$$

mit

$$\langle g \Rightarrow Y \rangle = \langle g \to Y \rangle$$
$$= \begin{pmatrix} 1 & 0 & 0 \\ 0 & 1 & 0 \end{pmatrix}$$

und

$$\langle h \Rightarrow Y \rangle = \langle h \to Y \rangle + \langle h \to g \rangle \cdot \operatorname{pat} g \cdot \langle g \to Y \rangle$$
$$= \begin{pmatrix} 0 & 1 & 1 \end{pmatrix}.$$

Durch einfaches Ausrechnen findet man nun gemäß (6.4)

$$\operatorname{pat} f = \begin{pmatrix} 1 & 0 & 0 \\ 0 & 1 & 0 \\ 0 & 1 & 1 \\ 0 & 1 & 1 \end{pmatrix},$$

was in Abbildung 6.3 verifiziert werden kann.

Aus der Information über die paarweise Verknüpfung zweier Module auf der gleichen Ebene des Netzwerkes bzw. beim Übergang zu eingebetteten Netzwerkschichten sowie den Strukturmatrizen derjenigen Module, die keine Substruktur mehr besitzen, kann somit vermöge Satz 6.2.4 die Strukturmatrix des gesamten Netzwerkes durch einen zweistufigen rekursiven Algorithmus berechnet werden. Eine Implementierung der von (6.2) induzierten Rekursionen 1. und 2. Art ist in Anhang A.2 zu finden. Durch die konsequente Anwendung der Kettenregel für das Differenzieren verketteter Funktionen ist es darüber hinaus möglich, aus den partiellen Ableitungen der Module auf den untersten Ebenen des betrachteten Netzwerkes die partiellen Ableitungen des gesamten Modells zu berechnen. Im Rahmen unserer Strukturanalyse wollen wir diesen Aspekt jedoch nicht weiter vertiefen und stattdessen auf [Wei10] verweisen.

Mit Blick auf die Anwendung der vorgestellten Methoden zur strukturellen Analyse von Optimalsteuerproblemen lässt sich der soeben gefundene Algorithmus auf eine neue Klasse von Strukturmatrizen erweitern.

6.3 Gewichtete Strukturmatrizen

Sind wir alleine an der globalen Topologie des von den lokal verknüpften und eingebetteten Modulen gebildeten Netzwerkes interessiert, so stellen binäre Strukturmatrizen ein adäquates Hilfsmittel zur Darstellung dieser Information dar. Soll nun nicht mehr nur die reine Existenz einer funktionalen Abhängigkeit, sondern darüber hinaus genauere Information über ihre Art berücksichtigt werden, benötigen wir ein erweitertes Konzept, mit dem insbesondere[47] lineares Auftauchen von Variablen abgebildet werden kann. Dazu führen wir die *gewichteten Strukturmatrizen* (engl. **w**eighted **pat**tern matrix, patw) ein, durch deren Informationsgehalt das Verschwinden lediglich linearer Abhängigkeiten nach bereits einer Differentiation detektiert werden soll. Damit werden auch DAEs, die mittels Hamiltonformalismus aus einem Problem der Optimalsteuerung generiert wurden, einer Strukturanalyse zugänglich, siehe Abschnitt 7.2.

Definition 6.3.1 (Gewichtete Strukturmatrix)
Sei $\phi : \mathcal{D} \subseteq \mathbb{R}^n \to \mathbb{R}^m$ eine (glatte) Abbildung und $\mathbb{P}_p(x)$ der Raum der Polynome vom Grad kleiner gleich p in x. Die gewichtete Strukturmatrix $\mathrm{patw}\,\phi \in \mathbb{N}_0^{n \times m}$ *ist für $i = 1,\ldots,n$ und $j = 1,\ldots,m$ gegeben durch*

$$\begin{aligned}(\mathrm{patw}\,\phi)_{i,j} &= 0 &\Leftrightarrow&\quad \phi_j \text{ hängt nicht von } x_i \text{ ab} \\ (\mathrm{patw}\,\phi)_{i,j} &= p &\Leftrightarrow&\quad \phi_j \text{ hängt von } x_i \text{ ab und es gilt } \phi_j \in \mathbb{P}_p(x_i).\end{aligned}$$
(6.5)

Die Zahl $p \in \mathbb{N}$ sei minimal mit dieser Eigenschaft. Falls keine solches p existiert, setzen wir $p := \infty$.

Da nach dieser Definition jede funktionale Abhängigkeit einen Eintrag $p \geq 1$ erzeugt, gilt für die Funktion ϕ auch

$$\mathrm{pat}\,\phi = \mathbb{1}\,(\mathrm{patw}\,\phi). \tag{6.6}$$

Zur Veranschaulichung diene das folgende Beispiel.

Beispiel 6.3.2
Sei $\mathcal{D} = \mathbb{R} \times (0,\infty) \times \mathbb{R}$. Für die Funktion $\phi : \mathcal{D} \subseteq \mathbb{R}^3 \to \mathbb{R}^3$ mit

$$\phi(\mathbf{x}) = \begin{pmatrix} \phi_1\,(x_1, x_3) \\ \phi_2\,(x_2) \\ \phi_3\,(x_2, x_3) \end{pmatrix} = \begin{pmatrix} \sin(x_1)\cos(x_3) \\ x_2^{-1} \\ x_2\,x_3^2 \end{pmatrix}$$

---

[47] Im Rahmen der Strukturanalyse ist tatsächlich besonders die Linearität von Abhängigkeiten relevant, siehe Abschnitt 7.2.2. Allgemein jedoch könnte die Information über die polynomielle Abhängigkeit zur effizienten Berechnung auch höherer Ableitungen eines Modells verwendet werden.

erhalten wir

$$\mathrm{patw}\,\phi = \begin{pmatrix} \infty & 0 & 0 \\ 0 & \infty & 1 \\ \infty & 0 & 2 \end{pmatrix} \quad \textit{und} \quad \mathrm{pat}\,\phi = \begin{pmatrix} 1 & 0 & 0 \\ 0 & 1 & 1 \\ 1 & 0 & 1 \end{pmatrix}.$$

Der Begriff „gewichtet" ist an die Interpretation einer Strukturmatrix als Adjazenzmatrix eines Abhängigkeitsgraphen angelehnt, bei dem nun jeder Kante innerhalb eines Moduls der polynomielle Grad der zugehörigen funktionalen Abhängigkeit angeheftet wird. In der Graphentheorie[48] spricht man in diesem Fall von einem *gewichteten* Graphen, wobei die Kantengewichte gerade dem Eintrag der gewichteten Strukturmatrix entsprechen. Da wir lediglich positive Gewichte zulassen, behalten alle Aussagen zu Strukturmatrizen auch für die gewichtete Variante Gültigkeit[49], insbesondere können prinzipiell auch gewichtete Strukturmatrizen zur Berechnung des schwachen Strukturindex herangezogen werden. Da die expliziten Transfermatrizen lediglich Identitäten, mithin also lineare Abhängigkeiten zwischen Inputs und Outputs von verschiedenen Modulen repräsentieren, bleiben diese im gewichteten Formalismus unverändert.

Unser Ziel ist es nun, aus der lokalen Information über den Grad der Nicht-Linearität einzelner Funktionsbausteine eine globale Aussage über die Potenz einer Variablen im betrachteten Modell zu ermitteln. Die von Satz 6.2.4 induzierten Rekursionen 1. und 2. Art bilden dabei weiterhin den Rahmen, alle Pfade zwischen einem Input und einem Output in einer Netzwerkschicht zu ermitteln. Jeder dieser Pfade impliziert die Abhängigkeit des Outputs von einem Input mit einem polynomiellen Grad, der sich gerade aus dem Produkt der Kantengewichte entlang des Pfades[50] ergibt, da sich Potenzen verketteter Funktionen multiplikativ verhalten. In Abbildung 6.4 ist ein Pfad innerhalb einer Netzwerkschicht dargestellt, der im Input x_2 startet, im Output ϕ_3 endet und dabei 3 Module passiert. Im ersten Modul besteht eine lineare Input-Output-Beziehung, im zweiten Modul eine quadratische und schließlich im dritten Modul eine kubische. Multiplikation aller zugehörigen Kantengewichte ergibt daher $\phi_2 \in \mathbb{P}_6(x_2)$. Existieren weitere Pfade von x_2 zur Variablen ϕ_2, so sind wir gemäß Defi-

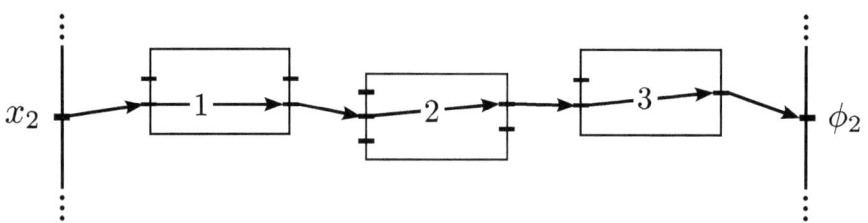

Abbildung 6.4: Pfad in einem gewichteten Netzwerk.

nition 6.3.1 lediglich an demjenigen Pfad interessiert, der den höchsten Polynomgrad impliziert, d.h. größtes multipliziertes Kantengewicht besitzt. Dies führt auf das Konzept der *gewichteten impliziten Transfermatrix*.

---

48 Entsprechende Literaturhinweise finden sich in Abschnitt 2.3.
49 Die boolesche Aussagekraft eines positiven Eintrags bleibt unverändert.
50 Die Gewichte von Kanten zwischen den Modulen besitzen stets den Wert 1 und werden daher nicht notiert.

Definition 6.3.3 (Gewichtete implizite Transfermatrix)
Zu zwei Funktionen $f : \mathbb{R}^{n_f} \to \mathbb{R}^{m_f}$ *und* $g : \mathbb{R}^{n_g} \to \mathbb{R}^{m_g}$ *ist die gewichtete implizite Transfermatrix* $\langle f \Rightarrow g \rangle^w \in \mathbb{N}_0^{m_f \times n_g}$ *für* $1 \leq i \leq m_f$ *und* $1 \leq j \leq n_g$ *gegeben durch*

$$\langle f \Rightarrow g \rangle_{i,j}^w = p,$$

falls zwischen dem i^{ten} Output von f und dem j^{ten} Input von g ein Pfad mit multipliziertem Kantengewicht p existiert und p maximal mit dieser Eigenschaft ist. Existiert kein Pfad, so setzen wir

$$\langle f \Rightarrow g \rangle_{i,j}^w = 0.$$

Da die Detektion von Pfaden in einer Netzwerkschicht unabhängig von deren Kantengewicht ist, können wir die rekursive Grundstruktur von (6.2) an den Fall gewichteter Strukturmatrizen anpassen. Wie bisher identifizieren wir eine Funktion $f : \mathbb{R}^{n_f} \to \mathbb{R}^{m_f}$ mit einem Modul mit Input $I_f = \{1,...,n_f\}$ und Output $O_f = \{1,...,m_f\}$.

Satz 6.3.4 (Berechnung gewichteter impliziter Transfermatrizen)
Sei $(X,\mathcal{B},Y)$ eine Netzwerkschicht. Für zwei Module $B_1 \neq B_2 \in \mathcal{B}$ gilt die rekursive Gleichung

$$\langle B_1 \Rightarrow B_2 \rangle^w = \langle B_1 \to B_2 \rangle + \max_{K \in \mathcal{B} \setminus \{B_1, B_2\}} \langle B_1 \to K \rangle \cdot C^w(K, B_2), \tag{6.7}$$

wobei das Maximum komponentenweise in jedem einzelnen Matrixeintrag gebildet werden muss und die Matrix $C^w(K, B_2) \in \mathbb{R}^{|I_K| \times |I_{B_2}|}$ gegeben ist durch

$$C^w(K, B_2)_{i,j} := \max_{k \in O_K} [\text{patw } K]_{i,k} \cdot \langle K \Rightarrow B_2 \rangle_{k,j}^w \tag{6.8}$$

für $i = 1,...,|I_K|$ und $j = 1,...,|I_{B_2}|$.

Beweis Da erneut die rekursive Grundstruktur aus Satz 6.2.4 verwendet wird, werden alle existierenden Pfade innerhalb des Netzwerkes erfasst. Es bleibt zu zeigen, dass der Grad der Nicht-Linearität durch die Matrix $C^w(K,B_2)$ korrekt bestimmt wird.
Der Eintrag $\langle K \Rightarrow B_2 \rangle_{k,j}^w$ stellt gerade den Grad der Nicht-Linearität zwischen dem k^{ten} Output von K und dem j^{ten} Input von B_2 dar. Somit ist $[\text{patw } K]_{i,k} \cdot \langle K \Rightarrow B_2 \rangle_{k,j}^w$ genau der Grad der Nicht-Linearität desjenigen Pfades zwischen dem i^{ten} Input von K und dem j^{ten} Output von B_2, der über den k^{ten} Output von K verläuft. Durch die Bildung des Maximums über alle möglichen Outputs k von K erhält man also die maximale Potenz des i^{ten} Inputs von K als Argument des j^{ten} Outputs von B_2. Die Multiplikation mit der Transfermatrix $\langle B_1 \to K \rangle$ verlängert die Pfade letztlich bis zum Output von B_1, so dass die Bildung des Maximums über alle Module zwischen B_1 und B_2 für jede Komponente denjenigen Pfad ermittelt, der den größten Grad an Nicht-Linearität erzeugt. □

Analog zu (6.4) kann damit die gewichtete Strukturmatrix einer Funktion f mit Substruktur durch die Rekursion 2. Art gemäß

$$\text{patw } f = \langle X \Rightarrow Y \rangle^w \tag{6.9}$$

berechnet werden. Eine Matlab-Implementierung dieses aus zwei Rekursionen bestehenden Algorithmus findet sich in Anhang A.2.

Zur Veranschaulichung setzen wir Beispiel 6.2.5 fort.

Beispiel 6.3.5 (Fortsetzung von Beispiel 6.2.5)
Für die Submodule

$$g(y_1,y_2,y_3) = \begin{pmatrix} g_1(y_1) \\ g_2(y_2,y_3) \end{pmatrix} = \begin{pmatrix} y_1^{-1} \\ y_2 + y_3^2 \end{pmatrix}$$

und

$$h(z_1,z_2) = z_1 \, z_2^2$$

erhalten wir

$$\operatorname{patw} g = \begin{pmatrix} \infty & 0 \\ 0 & 1 \\ 0 & 2 \end{pmatrix} \quad und \quad \operatorname{patw} h = \begin{pmatrix} 1 \\ 2 \end{pmatrix},$$

das zugehörige gewichtete Netzwerk ist in Abbildung 6.5 dargestellt.

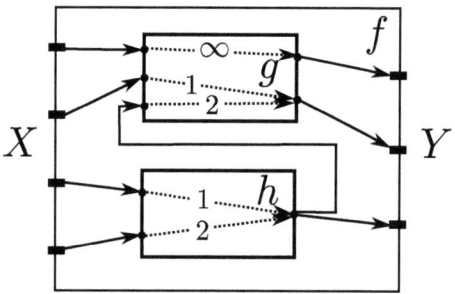

Abbildung 6.5: Schaltbild des eingebetteten gewichteten Netzwerkes

Damit lautet die Funktion f insgesamt

$$f(x_1,x_2,x_3,x_4) = \begin{pmatrix} f_1(x_1) \\ f_2(x_2,x_3,x_4) \\ f_3(x_3,x_4) \end{pmatrix} = \begin{pmatrix} x_1^{-1} \\ x_2 + (x_3 \, x_4^2)^2 \\ x_3 \, x_4^2 \end{pmatrix}$$

und das Matlab-Programm in Anhang A.2 liefert das korrekte Ergebnis

$$\operatorname{patw} f = \begin{pmatrix} \infty & 0 & 0 \\ 0 & 1 & 0 \\ 0 & 2 & 1 \\ 0 & 4 & 2 \end{pmatrix}.$$

KAPITEL 7

Praktische Anwendungsgebiete

In diesem Kapitel soll nun die Anwendbarkeit der zuvor entwickelten strukturanalytischen Methoden auf praktische Probleme aufgezeigt werden. Zunächst stellen wir einen formalen Zusammenhang zwischen der Indexanalyse von DAEs und dem Begriff der *Ausgangssteuerbarkeit* linearer Kontrollsysteme her, womit sich diese gesamte – zweifelsohne in der Praxis sehr häufig anzutreffende - Problemklasse unserer Strukturanalyse zugänglich zeigt. Als weiteres Anwendungsgebiet struktureller Untersuchungen stellen wir ein Problem aus der *Optimalsteuerung* vor, bei dem das zu steuernde System durch ein – modernen Ansätzen entsprechend - mit voller Rotationsdynamik modelliertes Flugzeug gegeben ist. Obwohl sich hier die vom *Hamiltonformalismus* erzeugte DAE als strukturell nur schwer greifbar herausstellt, können bereits aus einer strukturellen a priori-Analyse wertvolle Aussagen über die (numerische) Lösbarkeit des Problems und die Wirkung einer physikalisch begründbaren Regularisierung abgeleitet werden.

7.1 Lineare Kontrollsysteme

Der einführenden Definition in [Bro94] folgend befasst sich die Steuerungstheorie mit dynamischen Systemen, deren zeitliche Evolution durch eine Steuerung beeinflusst werden kann. Ist im kontinuierlichen Fall die Dynamik des Systems durch die zeitlichen Ableitungen des Zustandes gegeben, so liegt nach der Identifikation der Steuergrößen als algebraische Variablen im Allgemeinen eine DAE der Form (2.1) vor, wobei wir wie bisher unsere Analyse auf *lineare, autonome Kontrollsysteme* als Spezialfall linearer semi-expliziter DAEs (4.12) einschränken werden. Eine tiefergehende Betrachtung der im Folgenden angesprochenen Konzepte findet sich z.B. in [Son98, Lun10].

Definition 7.1.1 (Lineares autonomes Kontrollsystem)
Das über einem Zeitintervall $I \subseteq \mathbb{R}$ von $A \in \mathbb{R}^{n_x \times n_x}$, $B \in \mathbb{R}^{n_x \times n_u}$, $C \in \mathbb{R}^{n_y \times n_x}$ und $D \in \mathbb{R}^{n_y \times n_u}$ gebildete System der Form

$$\dot{\mathbf{x}} = A\mathbf{x} + B\mathbf{u} \tag{7.1a}$$
$$\mathbf{y} = C\mathbf{x} + D\mathbf{u} \tag{7.1b}$$

heißt lineares (autonomes) Kontrollsystem. Dabei stellt $\mathbf{u} \in \mathcal{U} \subset \text{Abb}(I, \mathbb{R}^{n_u})$ eine zulässige Steuerung und $\mathbf{y} : I \to \mathbb{R}^{n_y}$ die Outputfunktion dar.

Im Folgenden werde als Zeitintervall $I = \mathbb{R}$ sowie $\mathcal{U} = L^\infty(\mathbb{R}, \mathbb{R}^{n_u})$ als die Menge aller zulässigen Steuerungen betrachtet, d.h. es existieren keine Steuerbeschränkungen.
Zunächst betrachten wir lediglich den differentiellen Teil (7.1a) des Kontrollsystems.

Definition 7.1.2 (Zustandsübertragungsfunktion)
Die Abbildung $\varphi : \mathbb{R} \times \mathbb{R} \times \mathbb{R}^{n_x} \times \mathcal{U} \to \mathbb{R}^{n_x}$, die jeder (zulässigen) Steuerung $\mathbf{u}$ und jedem Anfangswert $\mathbf{x}(\tau) = \zeta$ mit $\tau \in \mathbb{R}$ und $\zeta \in \mathbb{R}^{n_x}$ die Lösung von (7.1a) zum Zeitpunkt t gemäß

$$(t, \tau, \zeta, \mathbf{u}) \mapsto \mathbf{x}(t)$$

zuordnet, heißt Zustandsübertragungsfunktion des Kontrollsystems.

Für eine gegebene Steuerung $\mathbf{u}$ und einen gegebenen Anfangswert stellt (7.1a) offensichtlich ein einfaches Anfangswertproblem dar. In vielen Fällen ist man jedoch daran interessiert, die Steuerung derart zu bestimmen, dass die resultierende Trajektorie des Zustands zu bestimmten Zeitpunkten gewisse Werte annimmt. Daher muss die Geometrie des Zustandsraumes unter Variation der Steuerung weiter untersucht werden.

Definition 7.1.3 (Steuerbarkeit und Erreichbarkeit)
Der Zustand $\mathbf{x}_0 \in \mathbb{R}^{n_x}$ heißt steuerbar nach $\mathbf{x}_1 \in \mathbb{R}^{n_x}$ zur Zeit $t > 0$, falls ein $\mathbf{u} \in \mathcal{U}$ existiert, so dass $\mathbf{x}_1$ die Lösung von (7.1a) zum Anfangswert $\mathbf{x}(0) = \mathbf{x}_0$ am Zeitpunkt t ist, d.h.

$$\mathbf{x}_1 = \varphi(t, 0, \mathbf{x}_0, \mathbf{u}).$$

In diesem Fall heißt $\mathbf{x}_1$ erreichbar von $\mathbf{x}_0$ zur Zeit t.
Die Menge der von $\mathbf{x}_0 = \mathbf{0}$ erreichbaren Zustände sei mit

$$\mathcal{R} = \bigcup_{t>0} \left\{ \varphi(t, 0, \mathbf{0}, \mathbf{u}) \,\middle|\, \mathbf{u} \in \mathcal{U} \right\},$$

die Menge der nach $\mathbf{0}$ steuerbaren Zustände als

$$\mathcal{C} = \bigcup_{t>0} \left\{ \mathbf{x}_0 \in \mathbb{R}^{n_x} \,\middle|\, \mathbf{u} \in \mathcal{U} \text{ mit } \varphi(t, 0, \mathbf{x}_0, \mathbf{u}) = \mathbf{0} \right\}$$

bezeichnet.

Die Menge $\mathcal{R}$ ist tatsächlich ein Unterraum des $\mathbb{R}^{n_x}$ und stellt somit alle diejenigen Zustände dar, die vom Ursprung aus in endlicher Zeit erreicht werden können.

Definition 7.1.4 (Steuerbarkeit)
Gilt $\mathcal{R} = \mathbb{R}^{n_x}$, so heißt das Kontrollsystem (vollständig) steuerbar.

Man ist nun an einem Kriterium dafür interessiert, wann tatsächlich jeder Zustand durch eine geeignete Steuerung erreicht werden kann. Mit Hilfe des Satzes von Cayley-Hamilton beweist man das zentrale Ergebnis

7.1 Lineare Kontrollsysteme

Satz 7.1.5 (Kalman-Kriterium für Steuerbarkeit)
Das lineare Kontrollsystem (7.1) *ist genau dann (vollständig) steuerbar, wenn die Erreichbarkeitsmatrix*

$$\left(B \,\middle|\, A B \,\middle|\, \ldots \,\middle|\, A^{n_x-1} B \right) \in \mathbb{R}^{n_x \times (n_u\, n_x)}$$

vollen Rang n_x besitzt.

Beweis Diese Aussage ist z.B. als Folgerung 4.11 in [Bro94] zu finden. □

Über das hier nicht aufgeführte Konzept der *Ähnlichkeit* von Kontrollsystemen lässt sich ein weiteres Kriterium für vollständige Steuerbarkeit angeben.

Satz 7.1.6 (Hautus-Kriterium)
Für das lineare Kontrollsystem (7.1) *sind äquivalent:*

1. *Das Kontrollsystem ist vollständig steuerbar.*

2. $\mathrm{rank}\left(\lambda I - A \,\middle|\, B \right) = n_x$ *für alle $\lambda \in \mathbb{C}$*

3. $\mathrm{rank}\left(\lambda I - A \,\middle|\, B \right) = n_x$ *für alle Eigenwerte $\lambda \in \mathbb{C}$ von A*

Beweis Diese Aussage wird z.B. als Lemma 3.3.7 in [Son98] aufgeführt. □

Mit dem Hautus-Kriterium kann somit der Schluss gezogen werden, dass die Menge aller vollständig steuerbaren Kontrollsysteme offen ist und dicht liegt in der Menge aller Kontrollsysteme. Damit haben wir ein analoges Ergebnis zu Korollar 2.2.12 vorliegen, das uns in fast allen Fällen den problemlosen Übergang von numerischen Matrizen auf Strukturmatrizen erlaubte und schließlich zur Bildung von DAE-Äquivalenzklassen führte. Wir wollen diese Ansätze nicht weiter vertiefen und uns stattdessen dem Zusammenhang zwischen der Steuerbarkeit eines Kontrollsystems und dem Differentiationsindex bzw. dem schwachen Strukturindex einer DAE zuwenden.

Während das Konzept der Steuerbarkeit allein den Zustand **x** betrifft, besteht die Außenwahrnehmung eines Kontrollsystems typischerweise in den Outputs **y**. Das Konzept der *Ausgangssteuerbarkeit* behandelt daher die Frage, ob mit einem gegebenen Kontrollsystem auch beliebige Outputs erzeugt werden können oder ob es Bereiche gibt, die für das System unerreichbar sind. Analog zum Kalmann-Kriterium für Steuerbarkeit ergibt sich die Ausgangssteuerbarkeit ebenfalls aus der Ranganalyse einer Matrix.

Satz 7.1.7 (Vollständige Ausgangssteuerbarkeit)
Das lineare Kontrollsystem (7.1) *ist genau dann (vollständig) ausgangssteuerbar, wenn die Matrix*

$$\mathcal{S} = \left(D \,\middle|\, C B \,\middle|\, C A B \,\middle|\, \ldots \,\middle|\, C A^{n_x-1} B \right) \in \mathbb{R}^{n_y \times (n_u\, n_x)}$$

vollen Rang n_y besitzt.

Beweis Diese Aussage ist z.B. in [Lun10], Abschnitt 3.1.6, zu finden. □

Ist ein System also vollständig ausgangssteuerbar, so kann zu einer beliebig vorgegebenen Funktion **y** eine Steuerung **u** derart gefunden werden, dass sich **y** als Output des mit **u** gesteuerten Kontrollsystems ergibt. Hierbei ist es irrelevant, ob diese Steuerung eindeutig bestimmt oder mehrdeutig ist, entscheidend ist ihre Existenz. Da wir nun auf die Interpretation eines Kontrollsystems als DAE abzielen, setzen wir im Folgenden $n_y = n_u$ voraus, so dass wir eine eindeutige Bestimmung der Steuervariablen erwarten dürfen und konsistent mit den bisherigen Betrachtungen bleiben.

Lemma 7.1.8 (Differentiationsindex eines Kontrollsystems)
Sei $n_y = n_u$. Ist das Kontrollsystem (7.1) vollständig ausgangssteuerbar, so bildet es eine semi-explizite DAE mit endlichem Differentiationsindex.

Beweis Ist das Kontrollsystem vollständig ausgangssteuerbar, so existiert zum Output $\mathbf{y} \equiv \mathbf{0}$ eine Steuerung **u**, so dass die semi-explizite DAE

$$\dot{\mathbf{x}} = A\mathbf{x} + B\mathbf{u}$$
$$\mathbf{0} = C\mathbf{x} + D\mathbf{u}$$

erfüllt ist, insbesondere ist diese DAE lösbar. Nach den Ausführungen in Abschnitt 5.5.1 folgt hieraus unmittelbar die Existenz eines endlichen Differentiationsindex. □

Mit diesem Ergebnis befinden wir uns im unmittelbaren Anwendungsgebiet der in dieser Arbeit entwickelten Strukturanalyse und wir folgern

Korollar 7.1.9 (Schwacher Strukturindex eines Kontrollsystems)
Sei $n_y = n_u$. Ist das Kontrollsystem (7.1) vollständig ausgangssteuerbar, so besitzt es einen endlichen schwachen Strukturindex $\omega \leq n_x n_y + 1$.

Beweis Mit Lemma 7.1.8 folgt die Behauptung unmittelbar aus Korollar 5.2.24. □

Mit dem Vorstoß unserer strukturellen Analyse in die Thematik der Steuerungs- und Regelungstheorie betreten wir aus wissenschaftlicher Sicht kein konzeptionelles Neuland. Tatsächlich erschienen bereits in den 1970er Jahren[51] Arbeiten, die sich mit der Strukturanalyse von linearen Kontrollsystemen beschäftigen und an der Ableitung einer Aussage über die *strukturelle Steuerbarkeit* eines (linearen) Systems interessiert sind, vgl. [Shi76, Glo76, May79]. Ganz analog zur Betrachtung von DAE-Äquivalenzklassen in dieser Arbeit wird ein Kontrollsystem dabei als strukturell steuerbar bezeichnet, wenn es ein steuerbares System mit gleicher Besetzungsstruktur gibt. Basierend auf dem Hautus-Kriterium für vollständige Steuerbarkeit gibt [Lun10] mit Satz 3.7 ein notwendiges und hinreichendes Kriterium an, das auf den strukturellen Rang der zum Problem gehörigen Strukturmatrizen zurückgreift und damit eine *Ja-Nein*-Aussage zur strukturellen Steuerbarkeit zulässt. Darüber hinaus ist es jedoch innerhalb der Regelungstechnik nicht üblich, ein Kontrollsystem tatsächlich als DAE anzusehen, so dass somit auch keine dem Differentiationsindex unmittelbar entsprechenden Konzepte vorliegen. Insbesondere wird die strukturelle Analyse nicht auf die in der Numerik so wichtige Fragestellung ausgedehnt, mit welcher Anzahl an Differentiationen ein Kontrollsystem in eine gewöhnliche

---

[51] Somit wurden also bereits vor der Einführung des Strukturindex in [Duf86] strukturelle Untersuchungen von speziellen DAEs durchgeführt, die jedoch nicht explizit als DAEs bezeichnet wurden.

Differentialgleichung überführt werden kann, so dass der schwache Strukturindex tatsächlich einen neuen Beitrag zur strukturellen Analyse linearer Kontrollsysteme darstellt.

Bemerkung 7.1.10
Wie bereits erwähnt wurde, bedarf die vollständige Augangssteuerbarkeit nicht der Eindeutigkeit der zugehörigen Steuerungen. Dies steht im Gegensatz zu der hier vorgestellten Strukturanalyse, bei der wir stets die eindeutige Lösbarkeit der DAE vorausgesetzt haben, so dass die n_y unbekannten algebraischen Variablen aus ebenso vielen Nebenbedingungen berechnet werden. Tatsächlich kann jedoch von den in Kapitel 5 entwickelten Methoden auch der Fall $n_y < n_u$ behandelt werden, bei dem weniger Nebenbedingungen als algebraische Steuervariablen vorliegen. Vollständige Steuerbarkeit eines solchen Systems mit weniger Outputs als Steuerungen bedeutet, dass zu jedem vorgegebenen Output $\mathbf{y} \in \mathbb{R}^{n_y}$ eine solche Steuerung $\mathbf{u} \in \mathbb{R}^{n_u}$ gefunden werden kann, die alle geforderten Nebenbedingungen

$$\mathbf{y} = C\mathbf{x} + D\mathbf{u}$$

erfüllt. Die Eindeutigkeit der Steuerung ist hierbei nicht relevant.
Die Lösbarkeit des Problems vorausgesetzt, wird die Reduktion des schwachen Strukturindex bei Anwendung auf den Spezialfall $\mathbf{y} \equiv \mathbf{0}$ terminieren, sobald alle Nebenbedingungen eliminiert sind. In diesem Fall nämlich existiert im algebraischen Teil des zugehörigen Abhängigkeitsgraphen kein Matching mehr und die Iteration bricht ab, wobei $n_u - n_y$ Komponenten der Steuerung $\mathbf{u}$ im System verbleiben und dennoch alle Knoten zu algebraischen Nebenbedingungen isoliert sind. Somit konnten alle geforderten Nebenbedingungen vom System erfüllt werden, was ein notwendiges Kriterium für ein vollständig ausgangssteuerbares Kontrollsystem darstellt.
Wir können also zusammenfassen: Sind alle Nebenbedingungen eliminiert, ist das System vollständig ausgangssteuerbar. Sind zusätzlich alle algebraischen Variablen eliminiert, ist die Steuerung sogar eindeutig bestimmt.

7.2 Optimalsteuerung

Der Begriff *Optimalsteuerung* oder auch *optimale Steuerung* (engl. optimal control) ist per se sehr weit gefasst und wird daher im Rahmen dieser Arbeit auf die Klasse der *gewöhnlichen* Differentialgleichungen als zu Grunde liegendes dynamisches System eingeschränkt. Da im Folgenden lediglich ein Anwendungsbeispiel für die zuvor entwickelte Strukturanalyse gegeben werden soll, ohne tiefer in die Thematik der Optimalsteuerung komplizierter und eventuell mehrfach beschränkter Systeme einzutauchen, werden wir ausschließlich *freie*, d.h. unbeschränkte Systeme analysieren, die eine glatte Dynamik auf einem kompakten Zeitintervall aufweisen. Für eine tiefergehende Beschäftigung mit der Theorie und Numerik von Optimalsteuerproblemen sei auf weiterführende Literatur, wie etwa [Hes66, Jac71, Bry79, Obe87, Bü98, Cal00, Chu01, Mau01], verwiesen.

7.2.1 Problemstellung

Sei $\mathbf{x} \in \mathbb{R}^{n_x}$ der Zustand eines Systems, dessen Dynamik über einem Zeitintervall $[t_0, t_f]$ durch

$$\dot{\mathbf{x}} = f(\mathbf{x}, \mathbf{u}), \qquad f : \mathbb{R}^{n_x + n_u} \to \mathbb{R}^{n_x}, \tag{7.2}$$

mit hinreichend glatter Funktion f gegeben ist und dem Einfluss des Steuervektors $\mathbf{u} \in \mathbb{R}^{n_u}$ unterliegt[52]. Sei weiter $\mathcal{J}$ ein Funktional, das einer Trajektorie $(\mathbf{x}, \mathbf{u})$ den Wert $\mathcal{J}(\mathbf{x}, \mathbf{u}) \in \mathbb{R}$ zuweist. Man ist nun an der Berechnung einer derartigen Steuerung interessiert, so dass dieses Funktional sein Minimum annimmt und die Systemdynamik (7.2) sowie eventuell vorgeschriebene Randbedingungen erfüllt sind.

Definition 7.2.1 (Freies Optimalsteuerproblem)
Ein freies Optimalsteuerproblem ist die Optimierungsaufgabe

$$\mathcal{J}(\mathbf{x}, \mathbf{u}) \longrightarrow \min$$

unter Berücksichtigung der Systemdynamik

$$\dot{\mathbf{x}} = f(\mathbf{x}, \mathbf{u})$$

sowie gegebener Randbedingungen

$$\mathbf{x}_{\mathcal{I}_0}(t_0) = \mathbf{x}_0, \qquad \mathcal{I}_0 \subseteq \{1, \ldots, n_x\},$$
$$\mathbf{x}_{\mathcal{I}_f}(t_f) = \mathbf{x}_f, \qquad \mathcal{I}_f \subseteq \{1, \ldots, n_x\}.$$

Das Funktional $\mathcal{J}$ wird als Zielfunktional bezeichnet.

Das Zielfunktional kann sowohl aus punktuellen Auswertungen des Zustandes als auch aus integralen Termen bestehen, die die gesamte Trajektorie berücksichtigen. Die verschiedenen Erscheinungsformen des Zielfunktionals sind dabei jedoch analytisch äquivalent und es lässt sich stets eine Transformation auf die Form

$$\mathcal{J}(\mathbf{x}, \mathbf{u}) = \varphi\left(\mathbf{x}(t_0), \mathbf{x}(t_f)\right)$$

finden, die wir im Folgenden voraussetzen werden. Die Aufgabe besteht nun also darin, sowohl die Steuerung als auch die nicht vorgeschriebenen Randwerte derart zu bestimmen, dass das Zielfunktional sein Minimum annimmt.

Zur Lösung eines Optimalsteuerproblems stehen prinzipiell zwei verschiedene Verfahrensklassen zur Verfügung: *Direkte* und *indirekte* Methoden. Während direkte Methoden das Optimalsteuerproblem sofort mittels geeigneter Diskretisierungen in endlich-dimensionale Räume projizieren und dann Methoden der nicht-linearen Optimierung anwenden, lässt sich die indirekte Methode auf eine Variationsformulierung des Optimalsteuerproblems zurückführen. Dieser sogenannte *Hamiltonformalismus* leitet mittels einer Verallgemeinerung des Ableitungsbegriffs in unendlich-dimensionale

---

[52] Der üblichen Notation von Optimalsteuerproblemen folgend schreiben wir n_u statt n_y für die Anzahl an algebraischen Variablen.

7.2 Optimalsteuerung

Funktionenräume *notwendige* Bedingungen für ein *lokales* Extremum des Zielfunktionals ab. Daraus lässt sich ein DAE-Randwertproblem erhöhter Dimension formulieren, das von jeder Lösung des Optimalsteuerproblems erfüllt werden muss.

Definition 7.2.2 (Hamiltonfunktion)
Zu einem freien Optimalsteuerproblem ist die Hamiltonfunktion H durch

$$H(\mathbf{x},\boldsymbol{\lambda},\mathbf{u}) := \boldsymbol{\lambda}^T f(\mathbf{x},\mathbf{u})$$

definiert. Dabei wird $\boldsymbol{\lambda} \in \mathbb{R}^{n_x}$ als Vektor der adjungierten Variablen bezeichnet.

Damit kann aus dem Optimalsteuerproblem eine notwendige Optimalitätsbedingung abgeleitet werden, vgl. [Bre07]. Das Komplement einer Menge wird dabei mit einem hochgestellten c notiert.

Satz 7.2.3 (Optimalitätsbedingung)
Die Lösung des Optimalsteuerproblems erfüllt das DAE-Randwertproblem

$$\begin{aligned}\dot{\mathbf{x}} &= H_{\boldsymbol{\lambda}} = f(\mathbf{x},\mathbf{u}) \\ \dot{\boldsymbol{\lambda}} &= -H_{\mathbf{x}} = -D_{\mathbf{x}} f^T \cdot \boldsymbol{\lambda} \\ 0 &= H_{\mathbf{u}},\end{aligned} \quad (7.3)$$

wobei $H_{\mathbf{u},\mathbf{u}}$ positiv semi-definit sein muss und die Randbedingungen

$$\begin{aligned}\mathbf{x}_{\mathcal{I}_0}(t_0) &= \mathbf{x}_0, & \boldsymbol{\lambda}_i(t_0) &= -\frac{\partial}{\partial \mathbf{x}_i(t_0)}\varphi, & i &\in \mathcal{I}_0^c, \\ \mathbf{x}_{\mathcal{I}_f}(t_f) &= \mathbf{x}_f, & \boldsymbol{\lambda}_i(t_f) &= \frac{\partial}{\partial \mathbf{x}_i(t_f)}\varphi, & i &\in \mathcal{I}_f^c,\end{aligned}$$

gelten.

Der Hamiltonformalismus führt mit dem System (7.3) demnach unmittelbar auf eine semi-explizite DAE mit dem Zustand $\mathbf{x}$ sowie den adjungierten Variablen $\boldsymbol{\lambda}$ als differentiellen und der Steuerung $\mathbf{u}$ als algebraische Variablen. Wir sind nun an den von dieser DAE vermittelten funktionalen Abhängigkeiten sowie einer Indexanalyse interessiert, so dass wir also das System

$$\begin{aligned}\dot{\mathbf{X}} &= F(\mathbf{X},\mathbf{u}) \\ 0 &= g(\mathbf{X},\mathbf{u})\end{aligned} \quad (7.4)$$

mit $\mathbf{X} := (\mathbf{x},\boldsymbol{\lambda})^T \in \mathbb{R}^{2n_x}$ und

$$\begin{aligned}F(\mathbf{X},\mathbf{u}) &:= \begin{pmatrix} f(\mathbf{x},\mathbf{u}) \\ -D_{\mathbf{x}} f(\mathbf{x},\mathbf{u})^T \cdot \boldsymbol{\lambda} \end{pmatrix} & F &: \mathbb{R}^{2n_x+n_u} \to \mathbb{R}^{2n_x} \\ g(\mathbf{X},\mathbf{u}) &:= H_{\mathbf{u}}(\mathbf{x},\boldsymbol{\lambda},\mathbf{u}) & g &: \mathbb{R}^{2n_x+n_u} \to \mathbb{R}^{n_u}\end{aligned} \quad (7.5)$$

einer Strukturanalyse unterziehen wollen.

7.2.2 Singuläre Steuerung

Satz 7.2.3 fordert, dass $H_{\mathbf{u},\mathbf{u}}$ entlang einer Lösung positiv semi-definit ist. Ist diese Matrix sogar positiv definit, so ist sie insbesondere invertierbar und die Steuerung kann aus der Nebenbedingung $H_{\mathbf{u}} = \mathbf{0}$ berechnet werden, mithin hat die DAE (7.4) den Differentiationsindex $\nu = 1$. Erfüllt nun eine Lösung des Optimalsteuerproblems lediglich die Bedingung positiver Semi-Definitheit von $H_{\mathbf{u},\mathbf{u}}$, was beispielsweise für lediglich *linear* in der Hamiltonfunktion auftauchende Steuerkomponenten der Fall ist, so kann wegen der Hamilton'schen Struktur des Systems (7.4) entweder ein unstetiger Verlauf der Steuerung (*Bang-Bang-Steuerung*) oder ein unerwartet hoher Differentiationsindex (*singuläre Steuerung*) einhergehen. Um diese Problematik zu verdeutlichen, betrachten wir im Folgenden eine skalare Steuerung, d.h. $n_u = 1$, und unterstellen der Hamiltonfunktion die Form

$$H(\mathbf{x}, \boldsymbol{\lambda}, u) = \hat{H}(\mathbf{x}, \boldsymbol{\lambda}) + \sigma(\mathbf{x}, \boldsymbol{\lambda})\, u, \tag{7.6}$$

wobei das Problem um die *Steuerbeschränkung*

$$u_{\min} \leq u \leq u_{\max} \tag{7.7}$$

erweitert sei.

Aus dem *Pontryagin'schen Minimumprinzip* kann in diesem Fall gefolgert werden, dass die Steuerung u für $\sigma(\mathbf{x}, \boldsymbol{\lambda}) \neq 0$ durch

$$u = \begin{cases} u_{\min} &, \sigma(\mathbf{x}, \boldsymbol{\lambda}) > 0 \\ u_{\max} &, \sigma(\mathbf{x}, \boldsymbol{\lambda}) < 0 \end{cases} \tag{7.8}$$

gegeben ist. Gilt $\sigma(\mathbf{x}, \boldsymbol{\lambda}) = 0$ entlang der Lösung an einzelnen Zeitpunkten, so weist die Steuerung u dort eine Unstetigkeit auf und springt gemäß (7.8) zwischen den beiden nach (7.7) zulässigen Extremwerten.
Verschwindet die Schaltfunktion nicht nur an einzelnen Punkten, sondern auf einem echten Zeitintervall $[t_1, t_2]$ mit $t_0 \leq t_1 < t_2 \leq t_f$, d.h.

$$0 \equiv \sigma(\mathbf{x}, \boldsymbol{\lambda}) \qquad \text{auf } [t_1, t_2], \tag{7.9}$$

so liegt der Fall *singulärer Steuerung* $u = u_{\text{sing}}$ vor, bei dem die Steuerung wegen $H_{uu} = 0$ nicht direkt aus dem Minimumprinzip (7.8) abgelesen werden kann und stattdessen durch wiederholtes totales Differenzieren der algebraischen Gleichung (7.9) berechnet werden muss. Damit stellt das Problem singulärer Steuerung eine semi-explizite DAE mit algebraischer Variabler u dar, dessen Differentiationsindex ν entscheidend für die Berechenbarkeit der Steuerung u und mithin für die Lösbarkeit des gesamten Problems ist. Aus der Hamilton'schen Struktur der DAE kann nun gezeigt werden, dass im Fall singulärer Steuerung

$$\frac{\partial}{\partial u}\left[\frac{d^k}{dt^k}\sigma(\mathbf{x}, \lambda)\right] = 0 \tag{7.10}$$

für ungerades k erfüllt ist [Kre77]. Daher schreiben wir $k = 2s$ und nennen das minimale $s \geq 1$ mit der Eigenschaft $\frac{\partial}{\partial u}\sigma^{(2s)} \neq 0$ die *singuläre Ordnung* von u. Somit gilt für den Differentiationsindex

$$\nu = 2s + 1 \geq 3$$

und die DAE ist im Allgemeinen schwierig zu lösen. Im Sinne von Hadamard führt damit jedes Auftauchen von singulärer Steuerung zu einer nicht mehr wohlgestellten DAE, vgl. Abschnitt 2.1. Wir sind nun bestrebt, diesen speziellen Aspekt von aus der Variationsformulierung von Optimalsteuerproblemen stammenden DAEs in die zuvor entwickelte Strukturanalyse einzubetten.

7.2.3 Schwache singuläre Ordnung

Obgleich sich nach obigen Ausführungen ein Optimalsteuerproblem letztlich als semi-explizite DAE schreiben lässt und damit sofort der in dieser Arbeit entwickelten Strukturanalyse zur Abschätzung des zugehörigen Differentiationsindex zugänglich ist, ist der Fall von singulärer Steuerung wegen Gleichung (7.10) genauer zu untersuchen. Während nämlich der schwache Strukturindex einer DAE ein Maß dafür ist, wie oft die Nebenbedingung mindestens differenziert werden muss, bis alleine aus der Besetzungsstruktur heraus die algebraische Variable auftauchen kann, werden durch einen rein strukturellen Ansatz per se keine Vorzeichen abgebildet. Da es aber genau durch die Vorzeichen dazu kommt, dass sich bei allen Differentiationen einer ungeraden Ordnung die Vorfaktoren der Steuerung u analytisch gegenseitig zu Null addieren, entzieht sich Gleichung (7.10) eines Analogons innerhalb des zuvor entwickelten Strukturformalismus.
Nichtsdestotrotz kann (7.10) derart in den strukturellen Ansatz integriert werden, dass immer nur gerade Zahlen als mögliche Differentiationsordnungen zugelassen sind. Diese Überlegungen motivieren die folgende Definition.

Definition 7.2.4 (Singuläre Strukturmatrix)
Die Matrix

$$\text{patx}_{\text{sing}} F := \text{patx}\, F \cdot \begin{pmatrix} I & 0 & 0 \\ 0 & I & 0 \\ 0 & 0 & 0 \end{pmatrix} \cdot \text{patx}\, F \qquad (7.11)$$

bezeichnen wir als singuläre Strukturmatrix von F.

Aus (7.10) wissen wir, dass stets eine gerade Anzahl an Differentiationen nötig ist, bis die singuläre Steuerung explizit auftaucht. Aus diesem Grund enthält die singuläre Strukturmatrix multiplikativ zwei Strukturmatrizen, was genau einer zweimaligen Differentiation entspricht. Da nach der ersten der beiden Differentiationen ein Auftauchen der Steuerung nicht möglich ist, erzwingen wir durch die eingeschobene Projektionsmatrix in der zur Steuerung gehörenden letzten Komponente den Eintrag Null. Dass durch diese Konstruktion im Wesentlichen zweimaliges Differenzieren zu einer einzigen Matrixmultiplikation zusammengefasst wird, bestätigt folgendes Ergebnis.

Lemma 7.2.5
Es gilt die Identität
$$\text{patx}_{\text{sing}} F = (\text{patx } F)^2.$$

Beweis Die Behauptung folgt aus
$$\text{patx } F \cdot \begin{pmatrix} I & 0 & 0 \\ 0 & I & 0 \\ 0 & 0 & 0 \end{pmatrix} = \text{patx } F.$$

□

Mit diesem Hilfsmittel sind wir nun wieder in der gewohnten Situation und wir können ganz analog eine Strukturanalyse durchführen.

Definition 7.2.6 (Schwache singuläre Ordnung)
Die schwache singuläre Ordnung der Nebenbedingung $\sigma = 0$ ist die kleinste natürliche Zahl ω_{sing}, die
$$[(\text{patx}_{\text{sing}} F)^{\omega_{\text{sing}}} \cdot \text{pat } \sigma]_{2n_x+1} > 0$$
erfüllt.

Da die Ordnung der Nebenbedingung genau darauf abzielt, wann die algebraische Variable zum ersten Mal auftaucht, wird daraus formal erst nach nochmaligem Differenzieren eine differentielle Variable. Demnach ist der schwache Strukturindex der DAE genau
$$\omega = \omega_{\text{sing}} + 1.$$

Wir können nun die Ergebnisse aus den vorigen Kapitel anwenden.

Satz 7.2.7
Sei s die singuläre Ordnung der Nebenbedingung $\sigma = 0$ und ω_{sing} die zugehörige schwache singuläre Ordnung. Dann gilt
$$\omega_{\text{sing}} \leq s.$$

Beweis Die Behauptung folgt mit (7.10) unmittelbar aus Satz 4.1.4. □

Analog zu Korollar 4.2.1 ergibt sich damit

Korollar 7.2.8
Die Existenz der schwachen singulären Ordnung ist eine notwendige Bedingung für die Existenz der singulären Ordnung.

Beweis Die Behauptung folgt unmittelbar aus Satz 7.2.7. □

Für die schwache singuläre Ordnung steht darüber hinaus ein notwendiges und hinreichendes Existenzkriterium analog zu Lemma 4.2.2 zur Verfügung.

7.2 Optimalsteuerung

Korollar 7.2.9
Eine notwendige und hinreichende Bedingung für die Existenz der schwachen singulären Ordnung ist

$$[\exp(\mathrm{patx}_{\mathrm{sing}} F) \cdot \mathrm{pat}\, g]_{2n_x+1} > 0.$$

Beweis Siehe Lemma 4.2.2. □

Mit dem Satz von Cayley-Hamilton lässt sich schließlich die Größe einer endlichen schwachen singulären Ordnung abschätzen.

Korollar 7.2.10
Sei wie bisher $n_x \geq 1$ die Dimension des Zustandes des zu steuernden Systems. Dann gilt für die schwache singuläre Ordnung

$$\text{entweder} \quad \omega_{\mathit{sing}} \leq 2n_x + 1 \quad \text{oder} \quad \omega_{\mathit{sing}} = \infty. \tag{7.12}$$

Insbesondere folgt aus der Existenz einer singulären Steuerung bereits die Beschränktheit der schwachen singulären Ordnung durch $2n_x + 1$ und des schwachen Strukturindex der gesamten DAE durch $2n_x + 2$.
Existiert keine endliche schwache singuläre Ordnung, so gilt für den Differentiationsindex

$$\nu \geq 2n_x + 2 \geq 4.$$

Beweis Diese Aussage ist eine Folgerung aus Satz 4.2.5, Korollar 4.2.6 und Satz 7.2.7. □

7.2.4 Aufstellen der Strukturmatrizen

Der gesamte Hamiltonformalismus entfaltet sich somit alleine aus der Funktion f heraus, so dass man auch an einer Strukturanalyse ausschließlich auf Basis der Struktur von f interessiert ist. Dazu wäre es nötig, die Strukturmatrizen der DAE (7.4) möglichst exakt aus pat f zu berechnen und dabei so wenig Schattenabhängigkeiten wie möglich zu generieren. Mit Blick auf das Phänomen der singulären Steuerung nämlich ist klar, dass gerade bei Optimalsteuerproblemen eine sehr exakte Information über die Gleichungen und die darin auftauchenden Variablen nötig ist, um das System adäquat zu beschreiben.

Die Tatsache jedoch, dass sowohl die Nebenbedingung g als auch Teile von F als partielle Ableitung einer Funktion definiert sind, begrenzt die Möglichkeiten einer algorithmischen Berechnung von pat F und pat g stark. Während das Konzept der Strukturmatrix nämlich darauf abzielt, das Vorkommen einer Variablen in einer Funktion zu erfassen, kann damit die Abhängigkeitsstruktur nach partieller Ableitung nur sehr grob erfasst werden. Diese Problematik soll an einem Beispiel verdeutlicht werden.

Beispiel 7.2.11
Seien die Funktionen $\phi_1, \phi_2 : \mathbb{R}^2 \to \mathbb{R}$ durch

$$\phi_1(x_1, x_2) = x_1^2 x_2^2$$
$$\phi_2(x_1, x_2) = x_1 + x_2$$

gegeben. Die zugehörigen Strukturmatrizen

$$\operatorname{pat} \phi_1 = \begin{pmatrix} 1 \\ 1 \end{pmatrix} \quad \text{und} \quad \operatorname{pat} \phi_2 = \begin{pmatrix} 1 \\ 1 \end{pmatrix}$$

geben zwar korrekt wieder, dass beide Funktionen jeweils von beiden Argumenten funktional abhängen, vermögen jedoch nicht die Feinstruktur der Gleichungen aufzulösen. Partielle Differentiation ergibt nun

$$\nabla \phi_1(x_1, x_2) = \begin{pmatrix} 2x_1 \, x_2^2 \\ 2x_1^2 \, x_2 \end{pmatrix} \quad \text{und} \quad \nabla \phi_2(x_1, x_2) = \begin{pmatrix} 1 \\ 1 \end{pmatrix}$$

mit

$$\operatorname{pat} \nabla \phi_1 = \begin{pmatrix} 1 & 1 \\ 1 & 1 \end{pmatrix} \quad \text{und} \quad \operatorname{pat} \nabla \phi_2 = \begin{pmatrix} 0 & 0 \\ 0 & 0 \end{pmatrix}.$$

Da ein struktureller Ansatz stets darum bemüht sein muss, auch ohne Kenntnis der genauen Gleichungen alle Probleme mit gleicher Besetzungsstruktur korrekt zu behandeln, muss aus

$$\operatorname{pat} \phi = \begin{pmatrix} 1 \\ 1 \end{pmatrix}$$

also zwingend

$$\operatorname{pat} \nabla \phi = \begin{pmatrix} 1 & 1 \\ 1 & 1 \end{pmatrix}$$

geschlossen werden. Hierbei handelt es sich jedoch im schlimmsten Fall in jeder Komponente um eine Schattenabhängigkeit.

Wie in den vorigen Kapiteln erläutert wurde, führen Schattenabhängigkeiten zu einer Verminderung der Güte der Abschätzung des Differentiationsindex durch den schwachen Strukturindex. Aus diesem Grund ist die Berechnung von $\operatorname{pat} F$ und $\operatorname{pat} g$ alleine aus $\operatorname{pat} f$ heraus mit Vorsicht zu genießen und sollte nach Möglichkeit mit genauerer Kenntnis der Feinstruktur des Problems versehen werden. Nichtsdestotrotz lassen sich bereits von den algorithmisch berechneten Strukturmatrizen wertvolle Aussagen über ein Optimalsteuerproblem ableiten.

Wir geben daher im Folgenden Berechnungsvorschriften an, mit denen alleine aus $\operatorname{pat} f$ heraus die Strukturmatrizen der Hamiltonfunktion H sowie der Funktionen F und g aufgestellt werden können.

Hamiltonfunktion

Nach Definition 7.2.2 gilt

$$H(\mathbf{x}, \boldsymbol{\lambda}, \mathbf{u}) = \sum_{i=1}^{n_x} \lambda_i \, f_i(\mathbf{x}, \mathbf{u}),$$

so dass die Hamiltonfunktion von allen adjungierten Variablen eine lineare Abhängigkeit besitzt, sofern

7.2 Optimalsteuerung

wir $f_i \not\equiv 0$ für alle $i \in \{1,...,n_x\}$ voraussetzen. Somit gilt für $i \in \{1,...,n_x\}$

$$[\text{pat } H]_{n_x+i} = 1.$$

Taucht in f_i die Variable x_j auf, so überträgt sich diese Abhängigkeit unmittelbar in die Hamiltonfunktion und wir haben für $j \in \{1,...,n_x\}$

$$[\text{pat } H]_j = \max_{k=1,...,n_x} [\text{pat } f]_{j,k}$$

und darüber hinaus auch

$$[\text{patw } H]_j = \max_{k=1,...,n_x} [\text{patw } f]_{j,k}.$$

Ganz anlog lassen sich die Abhängigkeiten von Steuervariablen gemäß

$$[\text{pat } H]_{2n_x+j} = \max_{k=1,...,n_x} [\text{pat } f]_{n_x+j,k}$$

und darüber hinaus auch

$$[\text{patw } H]_{2n_x+j} = \max_{k=1,...,n_x} [\text{patw } f]_{n_x+j,k}.$$

für $j \in \{1,...,n_u\}$ bestimmen.

Rechte Seite F

Mit $\mathcal{I}_x := \{1,...,n_x\}$, $\mathcal{I}_\lambda := \{n_x+1,...,2n_x\}$ und $\mathcal{I}_u := \{2n_x+1,...,2n_x+n_u\}$ können wir aus (7.5) sofort

$$\text{pat } F = \begin{pmatrix} [\text{pat } f]_{\mathcal{I}_x,\mathcal{I}_x} & S_1 \\ 0 & [\text{pat } f]_{\mathcal{I}_x,\mathcal{I}_x}^T \\ [\text{pat } f]_{\mathcal{I}_u,\mathcal{I}_u} & S_2 \end{pmatrix} \in \{0,1\}^{(n_x+n_x+n_u)\times(n_x+n_x)}$$

ableiten, wobei die Matrizen $S_1 \in \{0,1\}^{n_x \times n_x}$ und $S_2 \in \{0,1\}^{n_u \times n_x}$ die strukturellen Pendants zu $H_\mathbf{x}$ und $H_\mathbf{u}$ darstellen und - wie oben erwähnt - tendenziell unter dem Auftreten von Schattenabhängigkeiten leiden. Um dies so weit wie möglich zu vermeiden, können die gewichteten Strukturmatrizen und die darin enthaltene Information über den Grad der Nicht-Linearität einer Variablen verwendet werden, da somit lediglich linear auftauchende Variablen detektiert werden können, die bei zweimaliger Differentiation nach diesen Variablen sicher entfallen.
Seien nun $i, j \in \mathcal{I}_x$. Nach Definition der Hamiltonfunktion ergibt sich für die i^{te} Komponente der adjungierten Gleichungen

$$-\frac{\partial}{\partial x_j}\dot\lambda_i = \lambda_1 \cdot \frac{\partial^2}{\partial x_i\, \partial x_j} f_1(\mathbf{x},\mathbf{u}) + \ldots + \lambda_{n_x} \frac{\partial^2}{\partial x_i\, \partial x_j} f_{n_x}(\mathbf{x},\mathbf{u}),$$

so dass die Ableitung von $\dot\lambda_i$ nach x_j genau dann identisch verschwindet, wenn keine Komponente von

f sowohl von x_i als auch von x_j abhängt. Demnach setzen wir für $i \neq j$

$$[S_1]_{j,i} = 1 \quad :\Leftrightarrow \quad \exists\, k \in \mathcal{I}_x : [\text{pat } f]_{j,k} = 1 = [\text{pat } f]_{i,k},$$

womit eben dieser Sachverhalt abgebildet wird. Für $i = j$ muss mindestens eine Komponente von f mindestens quadratisch von x_i abhängen, um einen positiven Eintrag in S_1 zu erzeugen, entsprechend setzen wir

$$[S_1]_{i,i} = 1 \quad :\Leftrightarrow \quad \exists\, k \in \mathcal{I}_x : [\text{patw}_x f]_{i,k} \geq 2.$$

Steht die gewichtete Strukturmatrix nicht zur Verfügung, so ist keine Aussage über die Art der funktionalen Abhängigkeit möglich und wir müssen daher

$$[S_1]_{i,i} = 1 \quad :\Leftrightarrow \quad \exists\, k \in \mathcal{I}_x : [\text{pat } f]_{i,k} = 1$$

setzen, um tatsächlich alle möglichen Fälle strukturell abzubilden.
Die Matrix S_2 stellen wir auf analoge Art und Weise auf. Für $i \in \mathcal{I}_x$ und $j \in \mathcal{I}_u$ ergibt sich also

$$[S_2]_{j-2n_x,i} = 1 \quad :\Leftrightarrow \quad \exists\, k \in \mathcal{I}_x : [\text{pat } f]_{j,k} = 1 = [\text{pat } f]_{i,k}.$$

Nebenbedingung g

Aus $H_{\mathbf{x},\mathbf{u}} = H_{\mathbf{u},\mathbf{x}}$ und den vorigen Überlegungen können wir zunächst

$$\text{pat } g = \begin{pmatrix} S_2^T \\ [\text{pat } f]_{\mathcal{I}_u, \mathcal{I}_x}^T \\ S_3 \end{pmatrix}$$

mit noch zu bestimmender Matrix $S_3 \in \{0,1\}^{n_u \times n_u}$ schließen.
S_3 stellt das strukturelle Pendant von $H_{\mathbf{u},\mathbf{u}}$ dar und wird daher auf die gleiche Art und Weise wie S_1 aufgestellt, womit $H_{\mathbf{x},\mathbf{x}}$ nachgebildet wurde. Seien also $i,j \in \mathcal{I}_u$. Für $i \neq j$ setzen wir

$$[S_3]_{j-2n_x,i-2n_x} = 1 \quad :\Leftrightarrow \quad \exists\, k \in \mathcal{I}_x : [\text{pat } f]_{j,k} = 1 = [\text{pat } f]_{i,k}.$$

Für $i = j$ stehen wiederum zwei Varianten zur Verfügung, nämlich

$$[S_3]_{i,i} = 1 \quad :\Leftrightarrow \quad \exists\, k \in \mathcal{I}_x : [\text{patw } f]_{i,k} \geq 2$$

oder

$$[S_3]_{i-2n_x,i-2n_x} = 1 \quad :\Leftrightarrow \quad \exists\, k \in \mathcal{I}_x : [\text{pat } f]_{i,k} = 1,$$

sofern die gewichtete Strukturmatrix nicht bekannt ist.
Diese Konstruktion von Strukturmatrizen soll mit einem Beispiel verdeutlicht werden.

7.2 Optimalsteuerung

Beispiel 7.2.12
Für $n_x = 2$, $n_u = 1$ und $a,b \neq 0$ sei für $k \in \{1,2\}$ das System

$$\dot{x}_1 = x_2$$
$$\dot{x}_2 = a\,x_1 + b\,u^k$$

mit

$$\operatorname{pat} f = \begin{pmatrix} 0 & 1 \\ 1 & 0 \\ 0 & 1 \end{pmatrix} \quad \text{und} \quad \operatorname{patw} f = \begin{pmatrix} 0 & 1 \\ 1 & 0 \\ 0 & k \end{pmatrix}$$

gegeben. Aus der Hamiltonfunktion

$$H(x_1, x_2, \lambda_1, \lambda_2, u) = \lambda_1 x_2 + \lambda_2 \left(a\,x_1 + b\,u^k\right)$$

ergibt sich somit das Randwertproblem

$$\dot{x}_1 = x_2$$
$$\dot{x}_2 = a\,x_1 + b\,u^k$$
$$\dot{\lambda}_1 = -a\,\lambda_2$$
$$\dot{\lambda}_2 = -\lambda_1$$
$$0 = k\,b\,\lambda_2\,u^{k-1}$$

als notwendige Optimalitätsbedingung.
Die korrekten Strukturmatrizen dieser DAE können wir zu

$$\operatorname{pat} F_{korrekt} = \begin{pmatrix} 0 & 1 & 0 & 0 \\ 1 & 0 & 0 & 0 \\ 0 & 0 & 0 & 1 \\ 0 & 0 & 1 & 0 \\ 0 & 1 & 0 & 0 \end{pmatrix} \quad \text{und} \quad \operatorname{pat} g_{korrekt} = \begin{pmatrix} 0 \\ 0 \\ 0 \\ 1 \\ k-1 \end{pmatrix}$$

ablesen. Die Konstruktion der Strukturmatrizen nach obigen Vorschriften ergibt

$$\operatorname{pat} F = \begin{pmatrix} 0 & 1 & 0 & 0 \\ 1 & 0 & 0 & 0 \\ 0 & 0 & 0 & 1 \\ 0 & 0 & 1 & 0 \\ 0 & 1 & 1 & 0 \end{pmatrix} \quad \text{und} \quad \operatorname{pat} g = \begin{pmatrix} 1 \\ 0 \\ 0 \\ 1 \\ k-1 \end{pmatrix},$$

wobei wir die gewichtete Strukturmatrix von f verwendet haben.
Das Ergebnis unterscheidet sich in den rot markierten Einträgen von den korrekt abgelesenen Matrizen, wobei die Abweichungen durch die Differentialgleichung von $\dot{x}_2$ zustande kommen, da hier sowohl x_1 als auch u vorkommen. Strukturell kann nicht detektiert werden, dass die beiden Variablen lediglich additiv in diese Gleichung eingehen und daher beim partiellen Ableiten analytisch verschwinden. Dennoch wird für $k = 1$ korrekt detektiert, dass die Steuervariable in der algebraischen Nebenbedin-

gung nicht vorkommt.

Während das Auftauchen von Schattenabhängigkeiten prinzipiell ein unerwünschtes Phänomen ist, das die Güte der strukturellen Analyse vermindern kann, bestehen in der Tragweite einer falsch detektierten Abhängigkeit große Unterschiede.

Wie im vorigen Abschnitt dargelegt wurde, ist gerade die korrekte Detektion der Abhängigkeiten der Nebenbedingung g von den Steuervariablen u entscheidend für die Analyse des entstehenden Randwertproblems. Da von einem strukturanalytischen Verfahren nach den Ausführungen in Kapitel 2 stets Äquivalenzklassen von Problemen und nicht einzelne Repräsentanten untersucht werden, kann es jedoch im Einzelfall zu einer zu pessimistischen Einschätzung eines konkreten Optimalsteuerproblems kommen. Taucht beispielsweise eine Steuervariable im Modell in zwei verschiedenen Modulen, deren Outputs in einem weiteren Modul multipliziert werden, jeweils linear auf, so würde diese Multiplikation de facto zu einem quadratischen Vorkommen der betreffenden Steuervariablen führen. Während sich die analytische Multiplikation nach obigen Ausführungen positiv auf die Komplexität der resultierenden DAE auswirkt, wäre bei gleicher Verknüpfungsstruktur der Module auch eine einfache Addition denkbar, womit die betrachtete Steuervariable weiterhin linear im Modell erscheint. Aus rein strukturellen Gründen muss jedoch die Linearität der Variablen gleichsam als worst case angenommen werden.

Das gesamte Konzept der gewichteten Strukturmatrizen wurde daher aus dem alleinigen Grund eingeführt, lediglich lineares Vorkommen von Steuervariablen zu bemerken und somit einen Hinweis darauf zu geben, dass bei der Optimalsteuerung potentiell Schwierigkeiten zu erwarten sind und es eventuell ratsam sein kann, die Modellierung des zu steuernden Systems im Rahmen des physikalisch Sinnvollen zu überarbeiten. Dieses Vorgehen soll im nächsten Abschnitt am Beispiel eines Flugzeuges verdeutlicht werden.

7.2.5 Steuerung eines 6DoF-Flugzeuges

Im Rahmen der Optimalsteuerung eines Akrobatik-Flugzeuges wurde nach [Hol08] ein Flugmodell aufgestellt, das die volle Lage- und Rotationsdynamik[53] beinhaltet und vollständig in Anhang B zu finden ist. Der Zustand des Flugzeuges wird durch

$$\mathbf{x} = \begin{pmatrix} \underbrace{x \quad y \quad z}_{\text{Position}} & \underbrace{v \quad \chi \quad \gamma}_{\text{Geschwindigkeit}} & \underbrace{\alpha \quad \beta \quad \mu}_{\text{Lage}} & \underbrace{p \quad q \quad r}_{\text{Rotation}} \end{pmatrix}^T \in \mathbb{R}^{12},$$

die Steuerung durch

$$\mathbf{u} = \begin{pmatrix} \underbrace{\xi}_{\text{Querruder}} & \underbrace{\eta}_{\text{Höhenruder}} & \underbrace{\zeta}_{\text{Seitenruder}} & \underbrace{\delta}_{\text{Schub}} \end{pmatrix}^T \in \mathbb{R}^4$$

---

[53] Position und Lage ergeben somit insgesamt 6 Freiheitsgrade, so dass ein derartiges Modell als 6DoF-Flugmodell (engl. **6 d**egrees **of f**reedom) bezeichnet wird.

7.2 Optimalsteuerung

beschrieben, so dass sich das gesamte Modell als

$$\dot{\mathbf{x}} = f(\mathbf{x}, \mathbf{u}) \qquad f : \mathbb{R}^{16} \mapsto \mathbb{R}^{12}$$

schreiben lässt.

Mit den Methoden aus Kapitel 6 wurde die gewichtete Strukturmatrix des Problems berechnet und man erhält

$$\operatorname{patw} f = \begin{pmatrix} 1 & 1 & 1 & \infty & \infty & \infty & \infty & \infty & \infty & 2 & 2 & 2 \\ \infty & \infty & & & & & & & & & & \\ \infty & \infty & \infty & \infty & \infty & \infty & \infty & \infty & \infty & & & \\ & & & \infty & \infty & \infty & \infty & \infty & \infty & & 1 & \\ & & & \infty & \infty & \infty & \infty & \infty & \infty & 1 & & 1 \\ & & & \infty & \infty & \infty & \infty & \infty & \infty & & & \\ & & & 1 & 1 & 1 & 1 & 1 & 1 & 1 & 1 & 1 \\ & & 2 & 1 & 1 & 1 & 1 & 1 & 1 & 1 & 1 & 1 \\ & & 1 & 1 & 1 & 1 & 1 & 1 & 1 & 1 & 1 & 1 \\ & & & & & & & & & & 1 & 1 \\ & & 2 & 1 & 1 & 1 & 1 & 1 & & & 1 & \\ & & 1 & 1 & 1 & 1 & 1 & 1 & 1 & & & 1 \\ & & 1 & 1 & 1 & 1 & 1 & 1 & & & & \end{pmatrix}.$$

Mit den Konstruktionsvorschriften aus Abschnitt 7.2.4 erhalten wir aus dieser gewichteten Strukturmatrix

$$\operatorname{patw} H = \begin{pmatrix} \infty \\ \infty \\ \infty \\ \infty \\ \infty \\ \infty \\ 1 \\ 2 \\ 1 \\ 1 \\ 1 \\ 1 \\ 1 \\ 1 \\ 1 \\ 1 \\ 1 \\ 1 \\ 1 \\ 2 \\ 1 \\ 1 \end{pmatrix} \qquad \text{und} \qquad \operatorname{pat} g = \begin{pmatrix} 1 & 1 & 1 & 1 \\ & 1 & 1 & 1 \\ & 1 & 1 & 1 \\ 1 & 1 & 1 & 1 \\ & 1 & 1 & 1 \\ 1 & 1 & 1 & 1 \\ 1 & 1 & 1 & 1 \\ 1 & 1 & 1 & 1 \\ & & 1 & 1 \\ & & 1 & \\ 1 & 1 & 1 & \\ 1 & 1 & 1 & \\ 1 & 1 & 1 & \\ 1 & 1 & 1 & \\ 1 & & 1 & \\ & & 1 & \\ 1 & & 1 & \\ & & 1 & \\ 1 & 1 & 1 & \\ 1 & & 1 & \\ 1 & 1 & & \end{pmatrix}.$$

Aus dem zu den Steuervariablen gehörigen Anteil von patw H kann abgelesen werden, dass ein lineares Vorkommen von Steuervariablen in der Hamiltonfunktion und demnach das Auftreten von Bang-Bang-Steuerung oder sogar singulärer Steuerung möglich ist. Wegen der damit verbundenen (numerischen) Schwierigkeiten bietet es sich also an, physikalisch gerechtfertigte Nicht-Linearitäten bezüglich der Steuervariablen in das Modell einzubringen und somit einen glatten Verlauf der Steuergrößen zu erreichen, mithin also das gesamte System zu regularisieren[54].

Berücksichtigt man beispielsweise den Luftwiderstand, der durch die Ausschläge von Steuerflächen am Flugzeug induziert wird und als quadratisch in eben diesen Ausschlägen modelliert werden kann, siehe Anhang B, so ergibt sich

$$\operatorname{patw} f_{\text{reg}} = \begin{pmatrix} 1 & 1 & 1 & \infty & \infty & \infty & \infty & \infty & \infty & 2 & 2 & 2 \\ \infty & \infty & & & & & & & & & & \\ \infty & \infty & \infty & \infty & \infty & \infty & \infty & \infty & \infty & & & \\ & & & \infty & \infty & \infty & \infty & \infty & \infty & & 1 & \\ & & & \infty & \infty & \infty & \infty & \infty & \infty & 1 & & 1 \\ & & & \infty & \infty & \infty & \infty & \infty & & & & \\ & & & 1 & 1 & 1 & 1 & 1 & 1 & 1 & 1 & \\ & & 2 & 1 & 1 & 1 & 1 & 1 & 1 & 1 & 1 & \\ & & 1 & 1 & 1 & 1 & 1 & 1 & 1 & 1 & 1 & \\ & & 2 & & & & & & & 1 & & 1 \\ & & 2 & 1 & 1 & 1 & 1 & 1 & & 1 & & \\ & & 2 & 1 & 1 & 1 & 1 & 1 & 1 & & & 1 \\ & & 1 & 1 & 1 & 1 & 1 & 1 & & & & \end{pmatrix}$$

und damit

$$\operatorname{patw} H_{\text{reg}} = \begin{pmatrix} \infty \\ \infty \\ \infty \\ \infty \\ \infty \\ \infty \\ 1 \\ 2 \\ 1 \\ 1 \\ 1 \\ 1 \\ 1 \\ 1 \\ 1 \\ 1 \\ 1 \\ \hline 2 \\ 2 \\ 2 \\ 1 \end{pmatrix} \quad \text{sowie} \quad \operatorname{pat} g_{\text{reg}} = \begin{pmatrix} 1 & 1 & 1 & 1 \\ & & & \\ 1 & 1 & 1 & 1 \\ 1 & 1 & 1 & 1 \\ 1 & 1 & 1 & 1 \\ & 1 & 1 & 1 \\ 1 & 1 & 1 & 1 \\ 1 & 1 & 1 & 1 \\ 1 & 1 & 1 & 1 \\ & & & \\ 1 & 1 & 1 & 1 \\ 1 & 1 & 1 & 1 \\ 1 & 1 & 1 & 1 \\ 1 & 1 & 1 & 1 \\ 1 & 1 & 1 & 1 \\ 1 & & 1 & \\ & 1 & & \\ 1 & & 1 & \\ \hline 1 & 1 & 1 & 1 \\ 1 & 1 & 1 & 1 \\ 1 & 1 & 1 & 1 \\ 1 & 1 & 1 & 1 \end{pmatrix}.$$

Die ersten drei positiven Diagonaleinträge von $[\operatorname{pat} g_{\text{reg}}]_{25:28,1:4}$ lassen somit den Schluss zu, dass die ersten drei Steuerkomponenten nun aus den ersten drei Gleichungen der Nebenbedingung $H_{\mathbf{u}} = 0$ (fast immer) berechnet werden können und somit den Differentiationsindex 1 implizieren.

Alleine die letzte Steuerkomponente des Systems bleibt in dem Sinne kritisch, dass sie lediglich linear in der Hamiltonfunktion erscheint und daher potentiell singulär sein kann, mithin also für einen höheren Differentiationsindex des Systems verantwortlich ist. Zum Abschluss des Beispiels soll daher der Fall

$$H_{\delta,\mathbf{u}} = \mathbf{0}$$

---

[54] Das regularisierte System wird mit dem Index *reg* notiert.

7.2 Optimalsteuerung

strukturell abgeschätzt werden, der gerade der Singularität der Steuerkomponente δ entspricht und demnach die *worst case*-Annahme darstellt.
Wir setzen also

$$[\text{pat } g_{\text{reg}}]_{25:28,1:4} = \begin{pmatrix} 1 & 1 & 1 & 0 \\ 1 & 1 & 1 & 0 \\ 1 & 1 & 1 & 0 \\ 0 & 0 & 0 & 0 \end{pmatrix} \tag{7.13}$$

voraus und sind am schwachen Strukturindex interessiert, der von $H_\delta = 0$ impliziert wird. Die Linearität der Steuerkompontete δ bedingt nach den Ausführungen in Abschnitt 7.2.2 die Verwendung der singulären Strukturmatrix des Problems, die nach Definition 7.2.4 durch

$$\text{patx}_{\text{sing}} F_{\text{reg}} =$$

$$= \begin{pmatrix} \text{(große Blockmatrix aus Einsen und Leerstellen)} \end{pmatrix}$$

gegeben ist. Die schwache singuläre Ordnung ω_{sing} von $H_\delta = 0$ ergibt sich analog zu Definition 7.2.6 als kleinste Zahl, die

$$[(\text{patx}_{\text{sing}} F)^{\omega_{\text{sing}}} \cdot \text{pat } H_\delta]_{2n_x+n_u} > 0$$

erfüllt, womit an dieser Stelle für den Fall (7.13) der Wert

$$\omega_{\text{sing}} = 1$$

bestimmt wird. Als schwacher Strukturindex des Optimalsteuerproblems ergibt sich somit $\omega = 3$, was zwar einer schwer zu lösenden DAE entspricht, für eine singuläre Steuerung jedoch bestmöglich ist, siehe Abschnitt 7.2.2.
Tritt nun entlang der optimalen Lösung trotz Annahme (7.13) kein Teilstück mit singulärem δ auf, so kann diese Steuergröße aus dem Minimumprinzip (7.8), die restlichen Steuerungen aus den Nebenbe-

dingungen

$$H_\xi = 0$$
$$H_\eta = 0$$
$$H_\zeta = 0$$

berechnet werden und das Problem besitzt formal den Differentiationsindex 1. Die der Intuition des Ingenieurs entspringende regularisierende Wirkung der Berücksichtigung von zusätzlichen Widerständen kann somit ohne analytische Differentiation den entsprechenden Strukturmatrizen entnommen werden, ohne das Optimalsteuerproblem tatsächlich aufstellen zu müssen.

KAPITEL 8

Zusammenfassung

Als allgemeine Darstellung dynamischer Systeme tauchen differential-algebraische Gleichungen (DAEs) in den verschiedensten wissenschaftlichen Disziplinen auf und spielen bei der Modellierung zeitabhängiger Prozesse eine wichtige Rolle. Im Gegensatz zu einer gewöhnlichen Differentialgleichung (ODE), bei der jede Komponente des Zustandes in differentieller Form im System erscheint, zeichnen sich DAEs gerade durch die Anwesenheit von rein algebraischen Gleichungen und Variablen aus und unterscheiden sich dadurch sowohl in analytischer als auch in numerischer Sicht stark von ODEs. Durch verschiedene Indexkonzepte wird eine Quantifizierung dieses Unterschiedes bereitgestellt, wobei der Differentiationsindex gerade als die minimale Anzahl an totalen Differentiationen definiert ist, die nötig sind, um die DAE letztlich wieder in eine ODE zu überführen. Damit stellt dieser Index einen Indikator für die Komplexität und insbesondere auch für die numerische Lösbarkeit einer DAE dar. Im Allgemeinen mindern auftretende Instabilitäten bei der Diskretisierung spätestens ab Differentiationsindex 3 die Qualität der berechneten numerischen Lösung empfindlich, so dass eine Modellierung von Systemen mit höherem Index im Allgemeinen strikt zu vermeiden ist.

In dieser Arbeit wird mit dem schwachen Strukturindex ein neues Indexkonzept vorgestellt, mit dem alleine aus der Abhängigkeitsstruktur der Gleichungen einer DAE eine untere Schranke für ihren Differentiationsindex bestimmt werden kann. Besitzt eine DAE aus rein strukturellen Gründen einen hohen Index, so kann sie somit im Rahmen einer a priori-Analyse noch vor jedem numerischen Lösungsversuch als nur schwer lösbar klassifiziert werden. Aus einer graphentheoretischen Interpretation der DAE wird ein Algorithmus abgeleitet, der diese untere Schranke iterativ aus der Strukturmatrix des Systems berechnet. Durch die theoretische Abschätzung des schwachen Strukturindex nach oben kann zudem ein effizientes Abbruchkriterium des Algorithmus implementiert werden, das die strukturelle Unlösbarkeit der DAE detektiert und mithin die Nicht-Existenz eines endlichen Differentiationsindex nachweist.

Der strukturelle Ansatz ist dabei aus der modularen Modellbildung heraus motiviert, bei der ein kompliziertes System aus der Verknüpfung einzelner funktionaler Bausteine hervorgeht, die jeweils einfacheren Teilsystemen entsprechen. Der schwache Strukturindex wird schließlich aus der Abhängigkeitsstruktur des gesamten Modells bestimmt, die durch die paarweise Verknüpfungen einzelner Module impliziert wird und daraus zuerst berechnet werden muss.

Die algorithmische Detektion der Struktur einer DAE fügt sich mit der Bestimmung des schwachen Strukturindex zu einer integrierten Strukturanalyse zusammen, die zur Abschätzung des resultierenden Differentiationsindex bereits während der Modellbildung genutzt werden kann.

ANHANG A

Matlab-Programme

A.1 Berechnung des schwachen Strukturindex

Listing A.1: Algorithmus 5.2.22

```matlab
function [w, iterations] = omega( pat_f, pat_g )

%%%%%%%%%%%%%%%%%%%%%%%%%%%%%%%%%%%%%%%%%%%%%%%
%
% Implementation of algorithm 4.2.22
%
%%%% Input
%
% pat_f             pattern matrix of f, dim = (n, n_x)
% pat_g             pattern matrix of g, dim = (n, n_y)
%
%%%% Output
%
% w                 weak structural index
% iterations        iterations of algorithm
%
%%%%%%%%%%%%%%%%%%%%%%%%%%%%%%%%%%%%%%%%%%%%%%%

%% Determine size of the system

[n,n_x] = size( pat_f );

n_y = n - n_x;

%% Step 1

patx_f = zeros(n,n);
patx_f(1:n,1:n_x) = pat_f;

M_hat = pat_g;

w = 1;

%% Iterative reduction scheme

iterations = 0;
```

```matlab
while n_y > 0

    %%% Step 2

    c = zeros(1,n_y);

    for j = 1:n_y

        for c_j = 0:n_x

            if sum( M_hat( n_x+1:end, j ) > 0 )

                c(j) = c_j;

                break;

            end

            M_hat(:,j) = patx_f * M_hat(:,j) + M_hat(:,j);
            M_hat( find(M_hat(:,j)) ,j) = 1;

            %%% Step 3

            if c_j == n_x+1

                w = inf;

                return;

            end

        end

    end

    %%% Step 4

    w = w + max( c );

    %%% Step 5

    I_diff = [];

    for i_x = 1:n_x

        if sum( M_hat( i_x, : ) ) > 0

            I_diff = [I_diff i_x];

        end

    end
```

A.1 Berechnung des schwachen Strukturindex

```
    I_alg = [];

    for i_y = n_x+1:n

        if sum( M_hat( i_y, : ) ) > 0

            I_alg = [I_alg i_y];

        end

    end

    n_alg = length( I_alg );

    %%% Step 6

    if n_alg == n_y

        return;

    end

    %%% Step 7

    n_y = n_y - n_alg;

    M_hat = zeros(n, n_y);

    M_hat( I_diff, :) = 1;

    %%% Step 8

    for i_x = 1:n_x

        for i_a = I_alg

            if pat_f( i_a, i_x ) == 1

                pat_f( I_diff, i_x ) = 1;

                pat_f( i_a, i_x ) = 0;

                continue

            end

        end

    end

    %%% Step 9

    iterations = iterations + 1;
```

```
145  end
146
147  end
```

A.2 Berechnung von gewichteten Strukturmatrizen

Zur Berechnung von gewichteten impliziten Transfermatrizen ist es erforderlich, eine Funktion als Modul innerhalb eines Netzwerkes darzustellen, siehe Kapitel 6. Dazu definieren wir ein Modul als Objekt, das neben einer eindeutigen Identifikationsnummer (*id*) und einer gewichteten Strukturmatrix (*pat*) noch die Information über die lokale Verknüpfung zu anderen Modulen (*input* und *output*) sowie über die Lage im hierarchischen Netzwerk (*id_top* und *id_sub*) in sich trägt, siehe Listing A.2. Die Anzahl der Inputs und Outputs wird dabei aus der Dimension der zugehörigen Strukturmatrix ausgelesen, die im Fall einer eingebetteten Substruktur mit der Nullmatrix initialisiert wird. Die Matrix *input* besitzt für jeden Input eine Zeile mit zwei Einträgen, so dass für jeden einzelnen Input sowohl *id* als auch der genaue Output des Moduls abgespeichert werden können, von dem der Input stammt. Die Matrix *output* besitzt für jede Kante, die das Modul verlässt, eine Zeile mit drei Einträgen, so dass hier der genaue Output sowie *id* und Input des Zielmoduls zu finden sind. Die Information, ob das Modul in der direkten Substruktur eines übergeordneten Moduls liegt, wird im Feld *id_top* abgespeichert. Der Wert 0 bedeutet, dass es kein übergeordnetes Modul gibt. Analog finden sich im Vektor *id_sub* die Identifikationsnummern der direkt in das Modul eingebetteten Submodule.

Die Variable *model* wird als *global* deklariert, damit sie von den anderen Programmen erreicht werden kann. Nach Initialisierung des Netzwerkes, Listing A.2, kann die gewichtete Strukturmatrix der zugehörigen Funktion durch die beiden Rekursionen in den Listings A.4 und A.5 berechnet werden. Dabei wird durch den Start des Algorithmus, Listing A.3, nicht nur die Strukturmatrix des als Argument angegebenen Moduls berechnet, sondern auch alle Strukturmatrizen von darin eingebetteten Modulen, die selbst wieder eine Substruktur besitzen und deren Strukturmatrix demnach a priori nicht bekannt ist.

Listing A.2: Initialisierung des Netzwerkes aus Beispiel 6.3.5

```
1   b_1 = struct(...
2       'id',1,...
3       'pat',zeros(4,3),...
4       'input',[],...
5       'output',[],...
6       'id_top',0,...
7       'id_sub',[2 3]);
8
9
10  b_2 = struct(...
11      'id',2,...
12      'pat',[inf 0;0 1;0 2],...
13      'input',[1 1;1 2;3 1],...
14      'output',[1 1 1;2 1 2],...
15      'id_top',1,...
16      'id_sub',[]);
17
18  b_3 = struct(...
```

A.2 Berechnung von gewichteten Strukturmatrizen

```
19      'id',3,...
20      'pat',[1 ; 2],...
21      'input',[1 3;1 4],...
22      'output',[1 1 3;1 2 3],...
23      'id_top',1,...
24      'id_sub',[]);
25
26  model = [b_1 b_2 b_3];
```

Listing A.3: Start der Rekursionen

```
1   pat = recursion_type_two(1);
```

Listing A.4: Rekursion 2. Art

```
1   function pat = recursion_type_two( id )
2
3   %%%%%%%%%%%%%%%%%%%%%%%%%%%%%%%%%%%%%%%%%%%
4   %
5   % Implementation of recursion type two
6   %
7   %%%% Input
8   %
9   % id                identifier of module
10  %
11  %%%% Output
12  %
13  % pat               weighted implicit transfer matrix
14  %
15  %%%%%%%%%%%%%%%%%%%%%%%%%%%%%%%%%%%%%%%%%%%
16
17  %% Initializations
18
19  global model
20
21  module = model(id);
22
23  n_sub = length(module.id_sub);
24
25  %% Loop over all submodules
26
27  for k=1:n_sub
28
29      sub_module = model( module.id_sub(k) );
30
31      input_nodes_sub = find( sub_module.input(:, 1) == id );
32
33      input_nodes_top = sub_module.input( input_nodes_sub, 2 );
34
35      n_in = length( input_nodes_sub );
36
37      if n_in == 0
38          continue
39      end
40
41      nnz = length( find( sub_module.pat ));
```

```matlab
    %%% calculate substructure
    if nnz == 0
        model( module.id_sub(k) ).pat = recursion_type_two( sub_module.id
            );
    end

    sub_module = model( module.id_sub(k) );

    %%% start recursion type one within network layer
    pat_K_Y = recursion_type_one( sub_module.id );

    for i=1:n_in

        input_X = input_nodes_top(i);
        inner_K_start = input_nodes_sub(i);

        inner_K_end = find( sub_module.pat(inner_K_start,:) > 0);

        n_end = length(inner_K_end);

        for j=1:n_end

            inner_node_K_end = inner_K_end(j);

            end_nodes_Y = find( pat_K_Y(inner_node_K_end,:) > 0);

            n_Y = length( end_nodes_Y );

            for l=1:n_Y

                p = model( module.id_sub(k) ).pat(inner_K_start,
                    inner_node_K_end) * ...
                    pat_K_Y(inner_node_K_end,end_nodes_Y(l));

                model(id).pat(input_X, end_nodes_Y(l)) = max( [model(id).
                    pat(input_X, end_nodes_Y(l)) p]);

            end

        end

    end

end

pat = model(id).pat;

end
```

Listing A.5: Rekursion 1. Art

```matlab
function pat = recursion_type_one( id )

%%%%%%%%%%%%%%%%%%%%%%%%%%%%%%%%%%%%%%%%%%%%%%%%%%
```

A.2 Berechnung von gewichteten Strukturmatrizen

```
%
% Implementation of recursion type one
%
%%%% Input
%
% id            identifier of module
%
%%%% Output
%
% pat           auxiliary quantity C^w
%
%%%%%%%%%%%%%%%%%%%%%%%%%%%%%%%%%%%%%%%%%%%%%%%

%% Initializations

global model

module = model( id );

top_module = model( module.id_top );

n_outputs = size(module.pat,2);
n_end = size( top_module.pat,2);

pat = zeros(n_outputs, n_end );

%% Detect explicit edges

explicit_edges = find( module.output(:,2) == top_module.id );

n_explicit = length( explicit_edges );

for i=1:n_explicit

    edge = explicit_edges(i);

    pat( module.output(edge,1), module.output(edge,3) ) = 1;

end

%% Loop over all modules within network layer

n_sub = length( top_module.id_sub );

for i=1:n_sub

    M = model( top_module.id_sub(i) );

    if M.id == id
        continue
    end

    start_b_tmp = find(M.input(:,1) == id);

```

```matlab
        start_b = M.input( start_b_tmp,2 );

        n_in = length( start_b );

        if n_in == 0
            continue
        end

        nnz = length(find( M.pat ));

        %%% calculate substructure
        if nnz == 0
            model( top_module.id_sub(i) ).pat = recursion_type_two( M.id );
        end

        M = model( top_module.id_sub(i) );

        %%% Calculate remaining path
        pat_M_Y = recursion_type_one( M.id );

        for j=1:n_in

            node_b = start_b(j);
            node_M = start_b_tmp(j);

            inner_M_end = find( M.pat(node_M,:) > 0);

            n_end = length(inner_M_end);

            for jj=1:n_end

                inner_node_M_end = inner_M_end(jj);

                end_nodes_Y = find( pat_M_Y(inner_node_M_end,:) > 0);

                n_Y = length( end_nodes_Y );

                for l=1:n_Y

                    p = model( top_module.id_sub(i) ).pat(node_M,
                        inner_node_M_end) * ...
                        pat_M_Y(inner_node_M_end,end_nodes_Y(l));

                    pat(node_b, end_nodes_Y(l)) = max( [pat(node_b,
                        end_nodes_Y(l)) p]);

                end

            end

        end

end
```

110 **end**

ANHANG B

6DoF-Flugmodell

Im Gegensatz zur Modellierung eines Flugzeuges als reine Punktmasse, die lediglich durch ihren Aufenthaltsort im Raum charakterisiert ist, wird bei einem Modell mit 6 Freiheitsgraden (engl. **d**egrees **o**f **f**reedom) – kurz *6DoF-Modell* – zusätzlich die Lage des Flugzeuges als räumlich ausgedehnter Starrkörper im 3-dimensionalen Raum beschrieben. Basierend auf [Fis08, Hol08] wurde ein mathematische Modell eines Flugzeuges abgeleitet, in dem sowohl die Rotations- als auch die Momentendynamik enthalten ist und der Zustand $\mathbf{x} \in \mathbb{R}^{12}$ gemäß Tabelle B.1 zur Beschreibung des Modells[55] verwendet wird. Als Komponenten des Steuervektors $\mathbf{u} \in \mathbb{R}^4$ werden die Ausschläge von Steuerflächen und die Schubhebelstellung modelliert, siehe Tabelle B.2.

Komponente	Beschreibung
x	räumliche x-Koordinate
y	räumliche y-Koordinate
z	räumliche z-Koordinate
v	Bahngeschwindigkeit
χ	Azimutwinkel
γ	Steigwinkel
α	Anstellwinkel
β	Schiebewinkel
μ	Hängewinkel
p	Rollrate um Längsachse
q	Rollrate um Querachse
r	Rollrate um Hochachse

Tabelle B.1: Komponenten des Zustandsvektors

Komponente	Beschreibung
ξ	Querruder
η	Höhenruder
ζ	Seitenruder
δ	Schubhebelstellung

Tabelle B.2: Komponenten des Steuervektors

Mit Blick auf eine modulare Implementierung, die die Berechnung von (gewichteten) Strukturmatrizen zulässt und zudem zur Übersichtlichkeit der Gleichungen beiträgt, kann die gewöhnliche Differential-

---

[55] Die räumlichen Koordinaten sind im sogenannten *NED*-System gegeben, bei dem die x-Achse nach Norden (engl. **n**orth), die y-Achse nach Osten (engl. **e**ast) und die z-Achse nach unten (engl. **d**own) zeigt. Allgemein werden in der Flugsystemdynamik verschiedene Koordinatensysteme verwendet, um die diversen physikalischen Effekte an einem Flugzeug adäquat behandeln zu können. Eine detailliertere Darstellung der Modellierung liegt jedoch jenseits der Thematik dieser Arbeit und trägt darüber hinaus nicht weiter zum Verständnis dieses Anwendungsbeispiels dar.

gleichung zur Beschreibung der Flugdynamik in der Form

$$\begin{pmatrix} \dot{x} \\ \dot{y} \\ \dot{z} \end{pmatrix} = \begin{pmatrix} v\cos(\gamma)\cos(\chi) \\ v\cos(\gamma)\sin(\chi) \\ -v\sin(\gamma) \end{pmatrix}$$

$$\begin{pmatrix} \dot{v} \\ \dot{\chi} \\ \dot{\gamma} \end{pmatrix} = \mathcal{K}(v,\gamma,\alpha,\beta,\mu,p,q,r,\eta) + \mathcal{F}(v,\gamma,\alpha,\beta,\mu) \begin{pmatrix} \zeta \\ \delta \end{pmatrix}$$

$$\begin{pmatrix} \dot{\alpha} \\ \dot{\beta} \\ \dot{\mu} \end{pmatrix} = \mathcal{A}(\alpha,\beta) \begin{pmatrix} p \\ q \\ r \end{pmatrix} + \mathcal{B}(\gamma,\beta,\mu) \begin{pmatrix} \dot{v} \\ \dot{\chi} \\ \dot{\gamma} \end{pmatrix}$$

$$\begin{pmatrix} \dot{p} \\ \dot{q} \\ \dot{r} \end{pmatrix} = M(v,\alpha,\beta,p,q,r,\eta) + \begin{pmatrix} M_4\,v^2 & M_5\,v^2 \\ 0 & 0 \\ M_{13}\,v^2 & M_{14}\,v^2 \end{pmatrix} \begin{pmatrix} \xi \\ \zeta \end{pmatrix}$$

geschrieben werden, wobei mit den Konstanten aus Tabelle B.3 und den (technischen) Parametern aus Tabelle B.4 die Hilfsfunktionen

$$\mathcal{A}(\alpha,\beta) = \begin{pmatrix} -\tan(\beta)\cos(\alpha) & 1 & -\tan(\beta)\sin(\alpha) \\ \sin(\alpha) & 0 & -\cos(\alpha) \\ \frac{\cos(\alpha)}{\cos(\beta)} & 0 & \frac{\sin(\alpha)}{\cos(\beta)} \end{pmatrix}$$

$$\mathcal{B}(\gamma,\beta,\mu) = \begin{pmatrix} 0 & -\frac{\sin(\mu)\cos(\gamma)}{\cos(\beta)} & -\frac{\cos(\mu)}{\cos(\beta)} \\ 0 & \cos(\mu)\cos(\gamma) & -\sin(\mu) \\ 0 & \sin(\gamma)+\tan(\beta)\sin(\mu)\cos(\gamma) & \tan(\beta)\cos(\mu) \end{pmatrix}$$

$$\mathcal{C}(\gamma,\mu) = \begin{pmatrix} 1 & 0 & 0 \\ 0 & \frac{\cos(\mu)}{\cos(\gamma)} & -\frac{\sin(\mu)}{\cos(\gamma)} \\ 0 & -\sin(\mu) & -\cos(\mu) \end{pmatrix}$$

$$\mathcal{F}(v,\gamma,\alpha,\beta,\mu) = \begin{pmatrix} 0 & \frac{T_0}{v}\cos(\beta)\cos(\alpha) \\ Q_4 v \frac{\cos(\mu)}{\cos(\gamma)} & \frac{T_0}{v^2\cos(\gamma)}[\sin(\mu)\sin(\alpha) - \cos(\mu)\sin(\beta)\cos(\alpha)] \\ -Q_4 v \sin(\mu) & \frac{T_0}{v^2}[\cos(\mu)\sin(\alpha) + \sin(\mu)\sin(\beta)\cos(\alpha)] \end{pmatrix}$$

$$\mathcal{K}(v,\gamma,\alpha,\beta,\mu,p,q,r,\eta) = \begin{pmatrix} -g_0\sin(\gamma) \\ 0 \\ -g_0\frac{\cos(\gamma)}{v} \end{pmatrix} + \frac{1}{m}\mathcal{C}(\gamma,\mu)F(v,\alpha,\beta,p,q,r,\eta)$$

$$F(v,\alpha,\beta,p,q,r,\eta) = \begin{pmatrix} (D_1 + D_2\beta^2)v^2 + G(v,\alpha,q,\eta) \\ Q_1\beta v + Q_2 p + Q_3 r \\ (L_1 + L_2\alpha)v + L_3 q + L_4 v\eta \end{pmatrix}$$

$$M(v,\alpha,\beta,p,q,r,\eta) = \begin{pmatrix} M_1\beta v^2 + (M_2 p + M_3 r)v + I_1 qr \\ (M_6 + M_7\alpha)v^2 + M_8 qv + I_2 pr + M_9 v^2\eta \\ M_{10}\beta v^2 + (M_{11}p + M_{12}r)v + I_3 pq \end{pmatrix}$$

$$G(v,\alpha,q,\eta) = k \cdot (N(v,\alpha,\eta) + P(v,\alpha,q,\eta))$$

$$N(v,\alpha,\eta) = (L_1 + L_2\alpha)(C_{L0} + C_{L\alpha}\alpha + C_{L\eta}\eta)\,v^2 + \ldots$$

$$\ldots + L_4(C_{L0} + C_{L\alpha}\alpha)\eta\,v^2 + C_{L\eta}L_4\eta^2 v^2$$

$$P(v,\alpha,q,\eta) = (L_0(L_1 + L_2\alpha) + L_3(C_{L0} + C_{L\alpha}\alpha))\,q\,v + \ldots$$

$$\ldots + (C_{L\eta}L_3 + L_0 L_4)\,q\,\eta\,v + L_0 L_3 q^2$$

eingeführt wurden.

Zwischen den Kraftbeiwerten C_D und C_L, die zu den aerodynamischen Kräften Widerstand (engl. **d**rag) und Auftrieb (engl. **l**ift) korrespondieren, wird zunächst

$$C_D = C_{D0} + k\,C_L^2 + C_{D\beta}\,\beta^2 \tag{B.1}$$

als eine Erweiterung[56] des als *quadratische Polare* bekannten funktionalen Zusammenhangs

$$C_D = C_{D0} + k\,C_L^2$$

verwendet.

Gemäß den Ausführungen in Abschnitt 7.2.5 soll nun zur Regularisierung des Optimalsteuerproblems der von Steuerflächenausschlägen erzeugte Luftwiderstand modelliert werden. Analog zur Berücksichtigung des vom Schiebewinkel erzeugten Widerstandes wird dazu die erweiterte Polare (B.1) um zusätzliche Terme gemäß

$$C_D = C_{D0} + k\,C_L^2 + C_{D\beta}\,\beta^2 + C_{D\xi}\,\xi^2 + C_{D\eta}\,\eta^2 + C_{D\zeta}\,\zeta^2 \tag{B.2}$$

additiv ergänzt. Hierbei sind die Beiwerte $C_{D\xi}, C_{D\eta}, C_{D\zeta} > 0$ geeignet[57] zu wählen. Dank des modularen Ansatzes muss in den obigen Gleichungen lediglich F durch

$$F_{\text{reg}}(v,\alpha,\beta,p,q,r,\eta) = \begin{pmatrix} (D_1 + D_2\beta^2 + D_3\,\xi^2 + D_4\,\eta^2 + D_5\,\zeta^2)v^2 + G(v,\alpha,q,\eta) \\ Q_1\beta v + Q_2 p + Q_3 r \\ (L_1 + L_2\alpha)v + L_3 q + L_4 v\eta \end{pmatrix}$$

---

56 Durch Addition eines in β quadratischen Terms wird ein zusätzlicher Widerstand modelliert, der von einem nicht verschwindenden Schiebewinkel erzeugt wird.
57 Als „geeignet" verstehen wir all jene Werte, die entweder technisch verifiziert werden können oder der Intuition des Ingenieurs entsprechen.

ersetzt werden, um die Änderung im gesamten System zu erhalten. Da die Modifikation lediglich einen einzigen Block betrifft, bleibt das gesamte Modell übersichtlich und die partiellen Ableitungen der restlichen Module sind unverändert.

$$T_0 = 0.8 g_0 v_r$$

$$D_1 = -\frac{1}{2}\rho S C_{D0}$$
$$D_2 = -\frac{1}{2}\rho S C_{D\beta}$$
$$D_3 = -\frac{1}{2}\rho S C_{D\xi}$$
$$D_4 = -\frac{1}{2}\rho S C_{D\eta}$$
$$D_5 = -\frac{1}{2}\rho S C_{D\zeta}$$

$$Q_1 = \frac{1}{2}\rho S C_{Q\beta}$$
$$Q_2 = \frac{1}{4}\rho S b C_{Qp}$$
$$Q_3 = \frac{1}{4}\rho S b C_{Qr}$$
$$Q_4 = \frac{1}{2m}\rho S C_{Q\zeta}$$

$$L_0 = \frac{1}{2}\bar{c} C_{Lq}$$
$$L_1 = -\frac{1}{2}\rho S C_{L0}$$
$$L_2 = -\frac{1}{2}\rho S C_{L\alpha}$$
$$L_3 = -\frac{1}{4}\rho S \bar{c} C_{Lq}$$
$$L_4 = -\frac{1}{2}\rho S C_{L\eta}$$

$$M_1 = \frac{1}{2I_{xx}}\rho S s C_{l\beta}$$
$$M_2 = \frac{1}{4I_{xx}}\rho S s b C_{lp}$$
$$M_3 = \frac{1}{4I_{xx}}\rho S s b C_{lr}$$
$$M_4 = \frac{1}{2I_{xx}}\rho S s C_{l\xi}$$
$$M_5 = \frac{1}{2I_{xx}}\rho S s C_{l\zeta}$$

$$M_6 = \frac{1}{2I_{yy}}\rho S \bar{c} C_{m0}$$
$$M_7 = \frac{1}{2I_{yy}}\rho S \bar{c} C_{m\alpha}$$
$$M_8 = \frac{1}{4I_{yy}}\rho S \bar{c}^2 C_{mq}$$
$$M_9 = \frac{1}{2I_{yy}}\rho S \bar{c} C_{m\eta}$$

$$M_{10} = \frac{1}{2I_{zz}}\rho S s C_{n\beta}$$
$$M_{11} = \frac{1}{4I_{zz}}\rho S s b C_{np}$$
$$M_{12} = \frac{1}{4I_{zz}}\rho S s b C_{nr}$$
$$M_{13} = \frac{1}{2I_{zz}}\rho S s C_{n\xi}$$
$$M_{14} = \frac{1}{2I_{zz}}\rho S s C_{n\zeta}$$

$$I_1 = \frac{I_{yy} - I_{zz}}{I_{xx}}$$
$$I_2 = \frac{I_{zz} - I_{xx}}{I_{yy}}$$
$$I_3 = \frac{I_{xx} - I_{yy}}{I_{zz}}$$

Tabelle B.3: Konstanten des Flugmodells

Flugzeug		
I_{xx}	420.30356820	$kg\,m^2$
I_{yy}	726.71842759	$kg\,m^2$
I_{zz}	919.24457818	$kg\,m^2$
S	10.44	m^2
$\bar{c}$	1.44	m
b	7.5	m
s	b/2	m
m	800	kg
v_r	30.0	$\frac{m}{s}$
g_0	9.80665	$\frac{m}{s^2}$
ρ	1.225	$\frac{kg}{m^3}$

Kraftbeiwerte						
C_{D0}	0.030835	$C_{Q\beta}$	-0.589355	$C_{L\alpha}$	4.154710
$C_{D\beta}$	0.589355	C_{Qp}	0.042480	C_{L0}	0.055024
k	0.059078	C_{Qr}	0.048340	$C_{L\eta}$	-0.073242
		$C_{Q\zeta}$	-0.195313	C_{Lq}	-3.479492
		$C'_{Q\xi}$	0.0		

Momentenbeiwerte						
$C_{l\beta}$	0.024902	$C_{m\eta}$	-0.634766	$C_{n\beta}$	0.149902
C_{lp}	-0.583008	C_{mq}	-16.930176	C_{np}	0.014648
C_{lr}	-0.087891	$C_{m\alpha}$	-0.145406	C_{nr}	-0.157715
$C_{l\xi}$	-0.303711	C_{m0}	-0.004883	$C_{n\xi}$	-0.014648
$C_{l\zeta}$	0.001			$C_{n\zeta}$	0.170898

Tabelle B.4: Technische Parameter des Flugmodells
(Lehrstuhl für Flugsystemdynamik, Technische Universität München)

Literaturverzeichnis

[AJ75] ANDERSON JR, W.N.: Maximum matching and the rank of a matrix. *SIAM Journal on Applied Mathematics* (1975), Bd. 28(1):S. 114–123

[Arn04a] ARNOLD, M.: Simulation Algorithms in Vehicle System Dynamics, Tech. Report 27, Martin-Luther-Universität Halle-Wittenberg (2004)

[Arn04b] ARNOLD, M.; MEHRMANN, V. und STEINBRECHER, A.: Index reduction in industrial multibody system simulation, Preprint 146, MATHEON, DFG Research Center „Mathematics for Key Technologies" (2004)

[Asc94] ASCHER, U.M.; CHIN, H. und REICH, S.: Stabilization of DAEs and invariant manifolds. *Numerische Mathematik* (1994), Bd. 67(2):S. 131–149

[Bac90] BACHMANN, R.; BRÜLL, L.; MRZIGLOD, T. und PALLASKE, U.: On methods for reducing the index of differential algebraic equations. *Computers & chemical engineering* (1990), Bd. 14(11):S. 1271–1273

[Bau72] BAUMGARTE, J.: Stabilization of constraints and integrals of motion in dynamical systems. *Computer methods in applied mechanics and engineering* (1972), Bd. 1(1):S. 1–16

[Ber03] BERDAN, M.: A matrix rank problem (2003), URL http://citeseerx.ist.psu.edu/viewdoc/download?doi=10.1.1.85.4450&rep=rep1&type=pdf

[Bol98] BOLLOBÁS, B.: *Modern graph theory*, Springer Verlag (1998)

[Bre89] BRENAN, K.E.; CAMPBELL, S.L. und PETZOLD, L.R.: *Numerical solution of initial-value problems in differential-algebraic equations*, New York etc (1989)

[Bre07] BREUN, S.: *Optimale Steuerung redundanter Roboter auf Mannigfaltigkeiten– Strukturanalyse und numerische Realisierung*, Dissertation, Technische Universität München (2007)

[Bro94] BROKATE, M.: Steuerungstheorie I. *Universität Kiel (Vorlesungsskript)* (1994)

[Bry79] BRYSON, A.E. und HO, Y.C.: *Applied optimal control*, American Institute of Aeronautics and Astronautics (1979)

[Bü98] BÜSKENS, C.: *Optimierungsmethoden und Sensitivitätsanalyse für optimale Steuerprozesse mit Steuer-und Zustands-Beschränkungen*, Dissertation, Universität Münster (1998)

[Cal00] CALLIES, R.: *Entwurfsoptimierung und optimale Steuerung: Differential-algebraische Systeme, Mehrgitter-Mehrzielansätze und numerische Realisierung* (2000), Habilitationsschrift, Technische Universität München

[Cal05] CALLIES, R. und SCHENK, T.: *Recursive Modelling of Optimal Control Problems for Multi-link Manipulators*, Tech. Report TUM-NUM 13, Technische Universität München (2005)

[Cal08] CALLIES, R. und RENTROP, P.: *Optimal Control of Rigid-Link Manipulators by Indirect Methods*. GAMM-Mitteilungen (2008), Bd. 31(1):S. 27–58

[Cam95] CAMPBELL, S.L. und GEAR, C.W.: *The index of general nonlinear DAEs*. Numerische Mathematik (1995), Bd. 72(2):S. 173–196

[Chu91] CHUNG, Y. und WESTERBERG, A.W.: *Solving Stiff DAE Systems as „NEAR" Index Problems*, Carnegie Mellon University, Engineering Design Research Center (1991)

[Chu01] CHUDEJ, K.: *Effiziente Lösung zustandsbeschränkter Optimalsteuerungsaufgaben* (2001), Habilitationsschrift, Universität Bayreuth

[Deu02] DEUFLHARD, P. und BORNEMANN, F.: *Numerische Mathematik II: Gewöhnliche Differentialgleichungen*, Walter de Gruyter (2002)

[Die06] DIESTEL, R.: *Graphentheorie*, Springer (2006)

[Duf81] DUFF, I.S.: *On algorithms for obtaining a maximum transversal*. ACM Transactions on Mathematical Software (TOMS) (1981), Bd. 7(3):S. 330

[Duf86] DUFF, I.S. und GEAR, C.W.: *Computing the structural index*. SIAM Journal on Algebraic and Discrete Methods (1986), Bd. 7:S. 594

[Duf10] DUFF, I.S.; KAYA, K. und UCAR, B.: *Design, Implementation, and Analysis of Maximum Transversal Algorithms*, Technical Report TR/PA/10/76, CERFACS, Toulouse, France (2010), URL http://www.cerfacs.fr/algor/reports/2010/TR_PA_10_76.pdf

[Eic91] EICH, E.: *Projizierende Mehrschrittverfahren zur numerischen Lösung von Bewegungsgleichungen technischer Mehrkörpersysteme mit Zwangsbedingungen und Unstetigkeiten.*, Dissertation, Universität Augsburg (1991)

[ES98] EICH-SOELLNER, E. und FÜHRER, C.: *Numerical methods in multibody dynamics*, Teubner (1998)

[Fee98a] FEEHERY, W.F.: *Dynamic optimization with path constraints*, Dissertation, Massachusetts Institute of Technology (1998)

[Fee98b] FEEHERY, W.F. und BARTON, P.I.: *Dynamic optimization with state variable path constraints*. Computers and Chemical Engineering (1998), Bd. 22(9):S. 1241–1256

[Fis08] FISCH, F.; WEINGARTNER, M.; PFIFER, H.; HOLZAPFEL, F.; SACHS, G. und MYSCHIK, S.: Airframe and Trajectory Pursuit Modeling for Simulation Assisted Air Race Planning, in: *Modeling and Simulation Technologies Conference and Exhibit (2008)*, AIAA

[For11] FORNASIER, M. und RAUHUT, H.: Compressive sensing, in: O. Scherzer (Herausgeber) *Handbook of Mathematical Methods in Imaging*, Springer (2011), S. 187–228, URL http://www.ricam.oeaw.ac.at/people/page/fornasier/CSFornasierRauhut.pdf

[Fü91] FÜHRER, C. und LEIMKUHLER, B.J.: Numerical solution of differential-algebraic equations for constrained mechanical motion. *Numerische Mathematik* (1991), Bd. 59(1):S. 55–69

[Gea83] GEAR, C.W. und PETZOLD, L.R.: Differential/algebraic systems and matrix pencils. *Matrix Pencils* (1983):S. 75–89

[Gea85] GEAR, C.W.; LEIMKUHLER, B. und GUPTA, G.K.: Automatic integration of Euler-Lagrange equations with constraints. *Journal of Computational and Applied Mathematics* (1985), Bd. 12:S. 77–90

[Gea88] GEAR, C.W.: Differential-algebraic equation index transformations. *SIAM Journal on Scientific and Statistical Computing* (1988), Bd. 9:S. 39–47

[Gea90] GEAR, C.W.: Differential algebraic equations, indices, and integral algebraic equations. *SIAM Journal on Numerical Analysis* (1990), Bd. 27:S. 1527–1534

[Gee99] GEELEN, J.F.: Maximum rank matrix completion. *Linear Algebra and its Applications* (1999), Bd. 288:S. 211–217

[Gee00] GEELEN, J.F.: An algebraic matching algorithm. *Combinatorica* (2000), Bd. 20(1):S. 61–70

[Gee05] GEELEN, J.F. und IWATA, S.: Matroid matching via mixed skew-symmetric matrices. *Combinatorica* (2005), Bd. 25(2):S. 187–215

[Glo76] GLOVER, K. und SILVERMAN, L.: Characterization of structural controllability. *IEEE Transactions on Automatic Control* (1976), Bd. 21(4):S. 534–537

[Gri08] GRIEWANK, A. und WALTHER, A.: *Evaluating Derivatives: Principles and Techniques of Algorithmic Differentiation*, Society for Industrial and Applied Mathematics (2008)

[Hai89] HAIRER, E.; LUBICH, C. und ROCHE, M.: *The numerical solution of differential-algebraic systems by Runge-Kutta methods*, Berlin Springer-Verlag (1989)

[Hai93] HAIRER, E.; NØRSETT, S.P. und WANNER, G.: *Solving ordinary differential equations: Nonstiff problems*, Springer (1993)

[Hai96] HAIRER, E. und WANNER, G.: *Solving ordinary differential equations II: Stiff and differential-algebraic problems*, Springer (1996)

[Han88] HANKE, M.; MÄRZ, R. und NEUBAUER, A.: On the regularization of a class of nontransferable differential-algebraic equations. *Journal of Differential Equations* (1988), Bd. 73(1):S. 119–132

[Han90] HANKE, M.: On the regularization of index 2 differential-algebraic equations. *Journal of Mathematical Analysis and Applications* (1990), Bd. 151(1):S. 236–253

[Hes66] HESTENES, M.R.: *Calculus of variations and optimal control theory*, Wiley (1966)

[Hol08] HOLZAPFEL, F.: Flugsystemdynamik I & II. *Technische Universität München (Vorlesungsskript)* (2008)

[Jac71] JACOBSON, D.H.; LELE, M.M. und SPEYER, J.L.: New necessary conditions of optimality for control problems with state-variable inequality constraints. *J. Math. Anal. Appl.* (1971), Bd. 35:S. 255–284

[Kod01] KODIYALAM, S. und SOBIESZCZANSKI-SOBIESKI, J.: Multidisciplinary design optimisation – some formal methods, framework requirements, and application to vehicle design. *International Journal of Vehicle Design* (2001), Bd. 25(1):S. 3–22

[Kre77] KRENER, A.J.: The high order maximal principle and its application to singular extremals. *SIAM Journal on Control and Optimization* (1977), Bd. 15:S. 256–293

[Kun94] KUNKEL, P. und MEHRMANN, V.: Canonical forms for linear differential-algebraic equations with variable coefficients. *Journal of Computational and Applied Mathematics* (1994), Bd. 56(3):S. 225–251

[Kun06] KUNKEL, P. und MEHRMANN, V.: *Differential-algebraic equations: analysis and numerical solution*, European Mathematical Society (2006)

[Lun10] LUNZE, J.: *Regelungstechnik 2: Mehrgrößensysteme, Digitale Regelung*, Springer (2010)

[Mat93] MATTSSON, S.E. und SÖDERLIND, G.: Index reduction in differential-algebraic equations using dummy derivatives. *SIAM Journal on Scientific Computing* (1993), Bd. 14:S. 677–692

[Mau01] MAURER, H. und AUGUSTIN, D.: *Sensitivity analysis and real-time control of parametric optimal control problems using boundary value methods*, Berlin Springer-Verlag (2001)

[May79] MAYEDA, H. und YAMADA, T.: Strong structural controllability. *SIAM Journal on Control and Optimization* (1979), Bd. 17:S. 123

[Mol78] MOLER, C. und VAN LOAN, C.: Nineteen dubious ways to compute the exponential of a matrix. *SIAM review* (1978), Bd. 20(4):S. 801–836

[Obe87] OBERLE, H.J.: Numerical computation of singular control functions for a two-link robot arm. *Optimal control* (1987)

[Pan88] PANTELIDES, C.C.: The consistent initialization of differential-algebraic systems. *SIAM Journal on Scientific and Statistical Computing* (1988), Bd. 9:S. 213

[Rab02] RABIER, P.J. und RHEINBOLDT, W.C.: Theoretical and numerical analysis of differential-algebraic equations. *Handbook of numerical analysis* (2002), Bd. 8:S. 183–540

[Rei00] REISSIG, G.; MARTINSON, W.S. und BARTON, P.I.: Differential-algebraic equations of index 1 may have an arbitrarily high structural index. *SIAM Journal on Scientific Computing* (2000), Bd. 21(6):S. 1987–1990

[Ren96] RENTROP, P.; STREHMEL, K. und WEINER, R.: Ein Überblick über Einschrittverfahren zur numerischen Integration in der technischen Simulation. *GAMM-Mitteilungen* (1996), Bd. 1(9):S. 43

[Rhe84] RHEINBOLDT, W.C.: Differential-algebraic systems as differential equations on manifolds. *Mathematics of computation* (1984), Bd. 43(168):S. 473–482

[Rhe98] RHEINBOLDT, W.C.: *Methods for solving systems of nonlinear equations*, Society for Industrial Mathematics (1998)

[Rhe04] RHEINBOLDT, W.C.: Nonlinear Systems and Bifurcations (2004)

[Rhe10] RHEINBOLDT, W.C.: (2010), private communication

[Sch00] SCHERF, O.: *Numerische Simulation inelastischer Körper*, VDI-Verlag (2000)

[Sch05] SCHWEIGER, C. und OTTER, M.: Modelica-Modellbibliothek zur Simulation der Dynamik von Schaltvorgängen bei Automatikgetrieben. *VDI BERICHTE* (2005), Bd. 1917:S. 105

[Sey94] SEYDEL, R.: *Practical bifurcation and stability analysis: from equilibrium to chaos*, Springer (1994)

[Shi76] SHIELDS, R. und PEARSON, J.: Structural controllability of multiinput linear systems. *IEEE Transactions on Automatic Control* (1976), Bd. 21(2):S. 203–212

[Sim93] SIMEON, B.; FÜHRER, C. und RENTROP, P.: The Drazin inverse in multibody system dynamics. *Numerische Mathematik* (1993), Bd. 64(1):S. 521–539

[Son98] SONTAG, E.D.: *Mathematical control theory: deterministic finite dimensional systems*, Springer (1998)

[SS90] SOBIESZCZANSKI-SOBIESKI, J.: Sensitivity of Complex, Internally Coupled Systems. *AIAA Journal* (1990), Bd. 28:S. 153–160

[Tis07] TISCHENDORF, C.: Numerik differential-algebraischer Gleichungen. *Universität Köln (Vorlesungsskript)* (2007)

[Tut47] TUTTE, W.T.: The factorization of linear graphs. *Journal of the London Mathematical Society* (1947), Bd. 1(2):S. 107

[Ung95] UNGER, J.; KRÖNER, A. und MARQUARDT, W.: Structural analysis of differential-algebraic equation systems – theory and applications. *Computers & Chemical Engineering* (1995), Bd. 19(8):S. 867–882

[Wei10] WEIGL, T. und CALLIES, R.: Structure-Preserving Differentiation of Functional Networks in Design Optimization and Optimal Control, Tech. Report TUM-NUM 48, Technische Universität München (2010)

[Wer05] WERNER, D.: *Funktionalanalysis*, Springer-Verlag Berlin Heidelberg (2005)

[Yen93] YEN, J.: Constrained equations of motion in multibody dynamics as ODEs on manifolds. *SIAM Journal on Numerical Analysis* (1993), Bd. 30(2):S. 553–568

Die VDM Verlagsservicegesellschaft sucht für wissenschaftliche Verlage abgeschlossene und herausragende

Dissertationen, Habilitationen, Diplomarbeiten, Master Theses, Magisterarbeiten usw.

für die kostenlose Publikation als Fachbuch.

Sie verfügen über eine Arbeit, die hohen inhaltlichen und formalen Ansprüchen genügt, und haben Interesse an einer honorarvergüteten Publikation?

Dann senden Sie bitte erste Informationen über sich und Ihre Arbeit per Email an *info@vdm-vsg.de*.

Sie erhalten kurzfristig unser Feedback!

VDM Verlagsservicegesellschaft mbH
Dudweiler Landstr. 99   Telefon +49 681 3720 174
D - 66123 Saarbrücken   Fax   +49 681 3720 1749
www.vdm-vsg.de

Die VDM Verlagsservicegesellschaft mbH vertritt

Printed by Books on Demand GmbH, Norderstedt / Germany